Hildesheimer Studien zur Mathematikdidaktik

Reihe herausgegeben von

Barbara Schmidt-Thieme, Hildesheim, Deutschland

Boris Girnat, Hildesheim, Deutschland

Die Hildesheimer Schriften zur Didaktik der Mathematik und Informatik bilden eine fortlaufende Reihe von Veröffentlichungen zur Mathematik- und Informatikdidaktik und zu interdisziplinären und fächerübergreifenden Themen mit Bezug zu den zugehörigen Fachwissenschaften, der Geschichte der Fächer, zu anderen Fachdidaktiken und den Bildungswissenschaften. Sie umfasst herausragende Qualifikationsarbeiten des wissenschaftlichen Nachwuchses, sowie Tagungs- und thematisch orientierte Sammelbände auf diesen Gebieten. Sie ist inhaltlich und methodologisch breit aufgestellt und hat das Ziel, aktuelle Entwicklungen der beiden Didaktiken für Forschung und Praxis zugänglich zu machen.

Weitere Bände in der Reihe http://www.springer.com/series/16430

Boris Girnat
(Hrsg.)

Mathematik lernen mit digitalen Medien und forschungsbezogenen Lernumgebungen

Innovationen in Schule und Hochschule

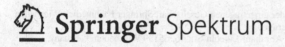 Springer Spektrum

Hrsg.
Boris Girnat
Institut für Mathematik und
Angewandte Informatik
Stiftung Universität Hildesheim
Hildesheim, Deutschland

ISSN 2662-5008   ISSN 2662-5016   (electronic)
Hildesheimer Studien zur Mathematikdidaktik
ISBN 978-3-658-32367-7   ISBN 978-3-658-32368-4   (eBook)
https://doi.org/10.1007/978-3-658-32368-4

Die Deutsche Nationalbibliothek verzeichnet diese Publikation in der Deutschen National-
bibliografie; detaillierte bibliografische Daten sind im Internet über http://dnb.d-nb.de abrufbar.

Lektorat: Marija Kojic
Springer Spektrum ist ein Imprint der eingetragenen Gesellschaft Springer Fachmedien Wiesbaden
GmbH und ist ein Teil von Springer Nature.
Die Anschrift der Gesellschaft ist: Abraham-Lincoln-Str. 46, 65189 Wiesbaden, Germany

Vorwort

Die Aufsätze dieses Sammelbandes beschäftigen sich mit dem Lehren und Lernen von Mathematik in der Schule und in der Hochschule – meist unterstützt mit digitalen Medien.

Der erste Beitrag „Förderung Beweglichen Denkens bei fachmathematischen Inhalten durch den Einsatz Dynamischer Geometriesoftware im Lehramtsstudium" von *Daniel Nolting* und *Jan-Hendrik de Wiljes* stellt Ideen und Projekte vor, die an der Universität Hildesheim entstanden sind und welche die Digitalisierungskompetenzen angehender Grund-, Haupt- und Realschullehrerinnen und -lehrer unterstützen sollen. Im Zentrum steht das dynamische Geometriesystem (DGS) GeoGebra, mit dem das Bewegliche Denken gefördert werden soll. Der Aufsatz stellt konkrete Aufgaben aus verschiedenen Bereichen der universitären Mathematik (mit Schulbezug) vor, in denen ein DGS gewinnbringend eingesetzt werden kann, um den Studierenden selbst einen besseren Zugang zum Thema zu bieten, aber ihnen auch Muster und Werkzeuge an die Hand zu gegeben, mit denen sie ihren späteren Schulunterricht digital gestalten können.

Im zweiten Beitrag „Impulse zum Computereinsatz im Geometrieunterricht der Sekundarstufe I" stellt *Boris Girnat* Aufgaben vor, die er für die Schulbuchreihe „Mathe 21" entwickelt hat. Diese Aufgaben setzen DGS-Systeme oder Tabellenkalkulationen im Geometrieunterricht der Sekundarstufe I ein. Nach einer allgemeinen Einleitung darüber, welche Vorteile DGS-Systeme und Tabellenkalkulationen im Geometrieunterricht generell haben können, geben ausführliche didaktische Kommentare zu jeder vorgestellten Aufgabe an, welche Lernziele durch den Einsatz digitaler Werkzeuge erreicht werden sollen und wie die Aufgabe auf ähnliche Anwendungsfälle übertragen und verändert werden können.

Der dritte Beitrag „Der Grundlagentest als Teil des Projekts HiStEMa – Eine Studienleistung als studienbegleitende Maßnahme zur Grundlagensicherung" von *Martin Kreh*, *Daniel Nolting* und *Jan-Hendrik de Wiljes* stellt die Erfahrungen vor, die seit dem Wintersemester 2013/14 mit dem sogenannten „Grundlagentest" in der Lehramtsausbildung an der Universität Hildesheim gesammelt werden konnten. Der Grundlagentest ist Teil der „Hildesheimer Stufen zum Einstieg in die Mathematik" (HiStEMa). Er enthält Aufgaben der Schulmathematik – insbesondere der Sekundarstufe I – und ist Zulassungsvoraussetzung zu Lehrveranstaltungen der universitären Mathematik, die Studierende des Grund-, Haupt- und

Realschullehramtes im Bachelorstudium besuchen müssen. Durch die ständige Wiederholung schulmathematischer Grundlagenfertigkeiten soll der Übergang in die universitäre Mathematik erleichtert werden, indem man die Gefahr verringert, dass der Umgang mit universitärer Mathematik bereits an schumathematischem Handwerkszeug scheitert.

Der vierte Beitrag „Eine digitale Lern- und Prüfungsumgebung zur Einführung in die Didaktik der Mathematik" von *Thekla Kober* und *Boris Girnat* schließt sich an die Ideen des vorangegangenen Beitrages an – nur soll hier nicht durch eine digitale Lern- und Prüfungsumgebung die Fachmathematik der Lehramtsausbildung gefördert werden, sondern das fachdidaktische Professionswissen. Begleitend zur Vorlesung „Einführung in die Didaktik der Mathematik" wurde im Sommersemester 2019 an der Universität Hildesheim eine Aufgabensammlung zum Grundlagenwissen in der Fachdidaktik aufgebaut. Diese Aufgaben wurden bisher zum Erwerb der Studienleistung der Vorlesung eingesetzt und sollen im Weiteren ähnlich wie der Grundlagentest als Wiederholungs- und Übungsgelegenheit, eventuell auch als Zulassungsvoraussetzung für weiterführende Didaktikveranstaltungen eingesetzt werden.

Der fünfte Beitrag „Grenzwert und Stetigkeit – Was am Ende (des Studiums) übrig bleibt" von *Katharina Skutella* und *Benedikt Weygandt* geht der Frage nach, inwiefern die mathematischen Inhalte des Studiums zu einem nachhaltig erworbenen Verständnis führen. Vorgestellt werden zwei diagnostische Tests zum mathematischen Begriffsverständnis, welche die für die Analysis zentralen Begriffe Grenzwert und Stetigkeit behandeln und neben der klassischen Anwendung und Begründung auch Aspekte wie die Visualisierung einer Definition, typische (Fehl-)Vorstellungen, die Einbettung in das Begriffsnetz sowie Bezüge zu Inhalten der Schulmathematik adressieren. Die Testergebnisse von Lehramtsstudierenden werden analysiert, typische Fehlerquellen identifiziert und daraus Rückschlüsse auf die Nachhaltigkeit der derzeitigen Fachausbildung im Lehramtsstudium Mathematik gezogen.

Der sechste Beitrag „Ein veranstaltungsübergreifendes Studienkonzept basierend auf dem Spiel Lights Out" von *Martin Kreh* stellt das Spiel „Lights Out" vor, das sich unter vielfältiger Weise mathematisch untersuchen lässt – nämlich u. a. mit Methoden der linearen Algebra, der Analysis, der Zahlentheorie, der Graphentheorie, der Kombinatorik und der Stochastik. Didaktisches Ziel ist es, über dieses Spiel eine vertikale Vernetzung des mathematischen Wissens zu erreichen, das in den fachmathematischen Lehrveranstaltungen für Studierende des Grund-, Haupt- und Realschullehramtes oftmals isoliert erscheint, und dadurch das Interesse an den fachmathematischen Seiten des Studiums zu erhöhen.

Der siebte Beitrag „Einführung des Projektbandes ‚Graphentheorie in der Grundschule'" von *Melissa Windler* befasst sich mit der Praxisphase des Masterstudiums für das Grund-, Haupt- und Realschullehramt. Seit in Niedersachsen das Studiengangskonzept GHR 300 eingeführt wurde, führen Studierende begleitend zu ihrem Abschlusspraktikum an ihren Praktikumsschulen ein Forschungsvorhaben durch, das durch eine dreisemestrige Lehrveranstaltung namens „Projektband" vorbereitet, begleitet und ausgewertet wird. Seit dem Wintersemester 2016/17 bietet die Universität Hildesheim das Projektband „Graphentheorie in der Grundschule" an. Der Aufsatz stellt Erfahrungen aus diesem Projektband vor und analysiert, inwiefern die Graphentheorie als ein eher ungewöhnliches mathematisches Thema in der Grundschule gewinnbringend eingesetzt werden kann.

Der achte Beitrag „Forschungsbezogene Seminare im Studium des Grundschullehramts" von *Martin Kreh* und *Jan-Hendrik de Wiljes* beschäftigt sich mit dem forschenden Lernen. Es wird ein für Studierende des Grundschullehramts innovatives Seminarkonzept vorgestellt, das Personen dieser Zielgruppe „echte" mathematische Forschung erleben lässt – beispielsweise in den Bereichen der Diskreten Mathematik oder der Zahlentheorie. Von den Forschungsvorhaben, die in diesen Seminaren durchgeführt worden sind, werden exemplarisch einige vorgestellt.

Hildesheim, im Juli 2020

Boris Girnat

Inhaltsverzeichnis

Förderung Beweglichen Denkens bei fachmathematischen Inhalten durch den Einsatz Dynamischer Geometriesoftware im Lehramtsstudium

Daniel Nolting und Jan-Hendrik de Wiljes

Abstract   *Trotz gestiegener Bedeutung des Bereichs Digitalisierung in der Schule (und der Gesellschaft) verfügen GHR-Lehrkräfte im Allgemeinen nicht über ausreichende Kompetenzen, um das didaktische Potenzial Neuer Medien zu nutzen geschweige denn vollständig auszuschöpfen. An der Universität Hildesheim wird dieser Problematik unter anderem mit der Einführung und kontinuierlichen Verwendung der Dynamischen Geometriesoftware GeoGebra begegnet. In diesem Artikel werden einerseits die Zusammenhänge zu dem Konzept des Beweglichen Denkens dargestellt und andererseits ergänzend mögliche Einbettungen solcher Software in Fachveranstaltungen (inklusive passender Beispiele) vorgestellt.*

1 Einleitung

Die Einsatzmöglichkeiten eines Computers für den Mathematikunterricht sind vielfältig (Computeralgebrasysteme, Funktionsplotter, usw.). An Schulen hat sich am stärksten dynamische Geometriesoftware (DGS) verbreitet, insbesondere das kostenfreie und stetig weiterentwickelte Programm *GeoGebra*. Die meisten Dynamischen Geometriesoftwares vereinen die Funktionen eines Computeralgebrasystems, eines Funktionsplotters und eines DGS (vgl. Meyer, 2013, 5), man spricht in diesem Fall auch von Multirepräsentationsprogrammen (vgl. Laakmann, 2008, 47f.). Um den Mehrwert und den didaktischen Nutzen für die Lehramtsausbildung herauszuarbeiten, werden in diesem Artikel verschiedene Aspekte

Springer Fachmedien Wiesbaden GmbH, ein Teil von Springer Nature 2021
B. Girnat (Hrsg.), *Mathematik lernen mit digitalen Medien und forschungsbezogenen Lernumgebungen*, Hildesheimer Studien zur Mathematikdidaktik, https://doi.org/10.1007/978-3-658-32368-4_1

von dynamischer Geometriesoftware vorgestellt und das Konzept des Beweglichen Denkens (vgl. Roth, 2008, 134f.) mit dem Bereich des Professionswissen von Lehrkräften verbunden. Anschließend wird die inhaltliche Ausgestaltung der Veranstaltung *Mathematische Anwendersysteme für den Unterricht* (AWS) für Mathematik-Lehramtsstudierende an der Universität Hildesheim vorgestellt. Ferner wird unter anderem durch Diskussion verschiedener Aufgaben aus Fachvorlesungen dargelegt, inwieweit die Nutzung eines Multirepräsentationsprogrammes für die Lehramtsausbildung als sinnvoll eingeschätzt wird. Die durchweg positiven Ergebnisse einer ersten Evaluation werden vorgestellt und sich daraus ergebende mögliche Veränderungen des Konzepts in einem Fazit diskutiert.

2 Aspekte dynamischer Geometriesoftware

Seit der Meraner Reform ist die Forderung nach einer beweglichen Vorstellung von geometrischen Konfigurationen nicht neu (vgl. Bender, 1989, 95f.). Die Entwicklung von Computern und der Einzug neuer Medien in den Unterricht bieten Ansätze, in Form einer DGS, die erhobenen Forderungen zu erfüllen. Durch eine DGS „können Visualisierungen mathematischer Konfigurationen relativ einfach erzeugt und dynamisch variiert werden. Wichtig ist dabei die Möglichkeit, einzelne Variablen der Konfiguration gezielt und stetig bzw. 'quasistetig' zu verändern" (Kortenkamp, 2008, 131). Hierfür bietet der leicht anzuwendende Zugmodus großes Potential. Weigand formuliert in Bezug auf den Zugmodus den Vorteil wie folgt:

> „Jede geometrische Konstruktionszeichnung kann man als einen Vertreter
> einer ganzen Menge von Konstruktionszeichnungen auffassen, die nach
> derselben Konstruktionsvorschrift entstanden sind. Dabei zerfällt die Menge aller Konstruktionen in Klassen [...]. Und im Zugmodus eines DGS ist
> sichergestellt, dass man beim ändern des Aussehens einer Konstruktionszeichnung keine strukturelle Veränderung an den geometrischen Relationen
> vornimmt." (Weigand und Weth, 2002, 158)

Zu beachten ist, dass der Einsatz einer DGS nicht das „klassische" Konstruieren mit Zirkel und Lineal ersetzen soll, sondern eine Unterstützung für eine neue Aufgabenkultur, welche Freiräume zum Interpretieren und Erforschen gibt, darstellt (vgl. Meyer, 2013, 12). Diese Aufgabentypen kommen der Forderung nach, dass Mathematikunterricht zumindest in einzelnen Fällen eigene Entdeckungen ermöglichen soll (vgl. Weigand und Weth, 2002, 168).

2.1 Funktionen einer DGS

Durch die vorgenommene Visualisierung müssen sich die Schülerinnen und Schüler Bewegungen in eine Konfiguration nicht mehr hineindenken, sondern können diese durch eine DGS direkt betrachten. Erst durch eine intensive Auseinandersetzung mit der Darstellung unter Berücksichtigung prozessbezogener Kompetenzen, wie beispielsweise „Argumentieren" oder auch „Kommunizieren", kann ein tieferes Verständnis des mathematischen Gegenstands erreicht werden. Grundlegend hierfür ist die Fähigkeit des Beweglichen Denkens. Die folgenden drei Bestandteile charakterisieren das Bewegliche Denken (vgl. Roth, 2005, 30f.):

1. Bewegungen hineinsehen und damit argumentieren.

2. Gesamtkonfigurationen erfassen und analysieren.

3. Änderungsverhalten erfassen und durch Spur- und Zugmodus beschreiben.

Diese Aspekte finden sich in zwei wesentlichen Zielen eines Computereinsatzes in der Schule wieder (Roth, 2008, 132f.):

- „Die SuS [sollen] [...] dazu befähigt werden, ohne Computer, also im Kopf, Bewegungen hineinzusehen, zu analysieren und Änderungsverhalten zu erfassen, sowie
- bei komplexen Gegebenheiten einen geeigneten Computereinsatz zu planen, vorzustrukturieren und während des Denkprozesses ggf. zu reorganisieren."

Durch die Möglichkeit unterschiedliche Unterstützungsangebote für die Schülerinnen und Schüler bereit zu stellen, bietet eine DGS einen guten Ansatz für eine notwendige Differenzierung im Unterricht. Ziel einer Einbindung von Fokussierungshilfen ist die Reduzierung eben dieser (vgl. Kapitel 4.2), um selbstständiges und eigenverantwortliches Lernen für die Schülerinnen und Schüler zu ermöglichen.

2.2 Einsatz der dynamischen Möglichkeiten einer DGS

Zur Förderung des Beweglichen Denkens können fünf Bereiche hervorgehoben werden (vgl. Roth, 2008, 134f.):

1. Eine DGS wird genutzt, um die Idee einer Argumentation zu kommunizieren, die Elemente des Flexiblen Denkens nutzt.

2. Mit einer DGS erzeugte dynamische Konfigurationen können bei Beweisen dazu eingesetzt werden, die gesamte Beweisidee zu vermitteln, sie also „auf einen Blick" erfass- und verstehbar zu machen.

3. Mit einer DGS erstellte Konfigurationen können dynamische, weil variierbare und damit in ihrem Umfang und ihren Grenzen besser erfassbare, Verständnisgrundlagen für Begriffe und ihre Eigenschaften sein.

4. Mit DGS kann man im Hinblick auf Bewegliches Denken experimentell arbeiten.

5. Ein wesentlicher Aspekt des Einsatzes dynamischer Visualisierungen liegt in der Reflexion von Problemlöseprozessen, in denen ohne (Computer-)Werkzeug gearbeitet wird und bei denen Heuristiken und Fähigkeiten des Flexiblen Denkens eingesetzt werden.

Als Tabelle dargestellt ergeben sich folgende Aufschlüsselungen (vgl. Roth, 2008, 139).

Ziel des DGS-Einsatzes	Fertig vorgegebene Konfiguration	Veränderbare Konfiguration mit einzelnen Fokussierungshilfen	Leere, unstrukturierte DGS-Datei
Bewegliche Argumentation kommunizieren	X		(X)
Beweisideen vermitteln	X		(X)
Verständnisgrundlage für Begriffe und ihre Eigenschaften bilden	X	X	(X)
Experimentelles Arbeiten: Entdecken von Zusammenhängen	X	X	X
Experimentelles Arbeiten: Finden von Ideen im Problemlöseprozess		X	X
Reflexion von Problemlöseprozessen	X		X

Tabelle 1: Einsatzmöglichkeiten einer DGS.

3 Mathematische Anwendersysteme für den Unterricht

Um den Studierenden bereits zügig nach dem Studienbeginn ein Werkzeug in Form von *GeoGebra* an die Hand zu geben, mit dem sie sich später (freiwillig) verschiedene mathematische Konzepte veranschaulichen und herleiten können, wird die zweiteilige Veranstaltung *Mathematische Anwendersysteme für den Unterricht* bereits im ersten Studienmonat (Oktober) als Blockveranstaltung angeboten. Parallel besuchen die Studierenden die fachmathematische Veranstaltung *Lineare Algebra*, in der bereits einige Funktionen der DGS verwendet werden können (vgl. Kapitel 5). Parallel zu der Veranstaltung *Geometrie* im zweiten Studiensemester besuchen die Studierenden den abschließenden Teil von *AWS*. Inhaltlich vertiefen die Studierenden die gewonnenen Fertigkeiten und verschriftlichen in Form eines Unterrichtsentwurfs erste Ideen zu schulischen Einsatzmöglichkeiten.

3.1 Inhalte des ersten Teils

Der erste Abschnitt der Veranstaltung beschäftigt sich mit den grundlegenden Funktionen des Programms *GeoGebra*. Während einer zweitägigen Blockveranstaltung am Wochenende werden die Studierenden in kleinschrittigen Arbeitsanweisungen angeleitet, sich mit dem Programm auseinander zu setzen. Die enge Führung ermöglicht den Dozierenden, sich gezielt um Studierende zu kümmern, welche trotz der detaillierten Arbeitsaufträge noch Schwierigkeiten mit der Orientierung in dem Programm sowie mit dessen Bedienung besitzen. Am Ende des zweiten Tages haben die Studierenden die grundlegenden Funktionen des Programms kennengelernt und können diese in der Veranstaltung *Lineare Algebra* verwenden (vgl. Kapitel 5). Die zentralen behandelten Werkzeuge sind:

- Arbeitsweise des Algebrafensters,
- Arbeitsweise des Geometriefensters,
- Arbeitsweise der Tabellenansicht,
- Matrizen,
- Schieberegler,
- Spurmodus,
- Ortslinien.

Insbesondere bei den Arbeitsweisen der verschiedenen Ansichten werden die Verknüpfung und die gegenseitige Wechselwirkung deutlich gemacht.

3.2 Inhalte des zweiten Teils

Der zeitliche Rahmen (Blockveranstaltung am Wochenende) wird bei dem im
zweiten Studiensemester stattfindenden zweiten Teil der Veranstaltung *AWS* bei-
behalten. Die Veranstaltung liegt im ersten Vorlesungsmonat, da die parallel zu
besuchende Veranstaltung *Geometrie* durch den thematischen Schwerpunkt einen
Einsatz von *GeoGebra* bereits sehr früh im Semester ermöglicht. Anders als in
dem ersten Teil von *AWS* werden die Aufgaben jetzt offen formuliert, was dazu
führt, dass die Studierenden sich in die Situation von Schülerinnen und Schülern,
welche das Programm zum Experimentieren und Erforschen von mathematischen
Zusammenhängen oder geometrischen Konstruktionen nutzen, hineinversetzen
können. Die benötigten Werkzeuge werden dennoch vorgegeben, da der Fokus
nun stärker didaktisch geprägt ist und die Studierenden bereits über eine gewisse Sicherheit im Umgang mit dem Programm verfügen. Die Themen, welche
behandelt werden, sind:

- *Bilder in GeoGebra*: Um einen möglichst großen Realitätsbezug zu gewährleisten, ist es je nach Aufgabenstellung sinnvoll, Fotos oder Grafiken in den
  Hintergrund des Geometriefensters zu legen. Die verschiedenen Möglichkeiten lernen die Studierenden anhand des Symmetriebegriffs kennen.
- *Dynamische Texte*: Dynamische Texte besitzen die Eigenschaft, dass Sie unter anderem durch Schieberegler veränderbar sind. Als Anwendungsbeispiel
  verknüpfen die Studierenden Schieberegler mit dynamischen Texten, um
  eine große Anzahl an verschiedenen Gleichungssystemen zu erstellen. Die
  unterschiedlichen Anzahlen an Lösungen werden hierbei in Abhängigkeit der
  Schieberegler und der geometrischen Darstellung der Gleichungen entdeckt.
- *Buttons & bedingte Sichtbarkeit*: Der dritte Themenbereich legt den Schwerpunkt auf die Möglichkeit, gestufte Lösungshinweise und Bearbeitungshilfen
  darzustellen, indem Texte in Abhängigkeit von Buttons sichtbar geschaltet
  werden. Die Studierenden visualisieren dazu die Addition von ganzen Zahlen am Zahlenstrahl. Als Vertiefung können die verschiedenen Stufen des
  Sirpinski-Dreiecks dargestellt werden.
- *Benutzerdefinierte Werkzeuge*: Damit die Verbindung zum Konstruktions-
  protokoll deutlich wird, erstellen die Studierenden ein Werkzeug für die
  Konstruktion des Inkreises in einem beliebigen Dreieck. Zusätzlich entdecken die Studierenden eine konstruktive Möglichkeit den Mittelpunkt eines
  Kreises zu finden.
- *Folgen*: Aufbauend auf der Visualisierung der Addition von ganzen Zahlen
  fertigen die Studierenden eine Darstellung für die Multiplikation von rationalen Zahlen an. Hierfür wird das Streifenmodell (vgl. Padberg und Wartha,

2017, 74f.) vorgegeben. Um dieses in *GeoGebra* umzusetzen, müssen Folgen in Abhängigkeit der gewählten Aufgabe dargestellt werden. Es findet also eine Verknüpfung von Schieberegler, Text und dem Befehl *Folgen* statt.

- *Stochastik*: Der Bereich der Stochastik wird nur durch die Vorgabe einer Wertetabelle angeleitet. Die weiteren Befehle und Werkzeuge des Programms entdecken die Studierenden eigenständig, wobei in einer anschließenden Sicherungsphase der Bereich Diagramme und statistische Kennwerte explizit besprochen wird. Die Eigenschaften eines Histogramms (Häufigkeiten durch Flächenberechnung zu erhalten) können in einer Zusatzaufgabe exploriert werden.

- *3D-Objekte*: Die 3D-Funktion, welche in *GeoGebra* 5.0 neu integriert wurde, stellt den letzten Themenbereich dar. Hierbei wird das Kugelvolumen durch das Prinzip des Cavallieri durch Vergleich mit einem Zylinder hergeleitet. Das Prinzip ist für die Studierenden in der Form neu und die Berechnung benötigt die Verknüpfung aller bis dahin kennengelernten Werkzeuge.

Den Abschluss der Veranstaltung bildet die Entwicklung einer Unterrichtsstunde zu einem geometrischen Thema. Die Studierenden setzen sich mit einem geometrischen Zusammenhang auseinander, den Sie in der Schulzeit nicht kennen gelernt haben (z.B. Poincare-Punkte im Dreieck) und müssen deshalb zwei Schritte vollziehen:

- Visualisierung des geometrischen Zusammenhangs und Variation der Bedingungen (Bewegliches Denken),
- Didaktische Reduktion, um den Themenbereich für Sekundarstufen I Schülerinnen und Schülern zugänglich zu machen (Professionswissen erwerben).

3.3 Einbettung in die Hildesheimer Stufen zum Einstieg in die Mathematik (HiStEMa)

Der „Praxisbezug darf [...] nicht als isoliertes Element im Studium auftreten, sondern muss stets eingebunden sein in eine Theorie-Praxis-Verzahnung" (Hamann, Kreuzkam, Schmidt-Thieme und Sander, 2014, 4). In diesem Sinne fungiert *AWS* nicht nur als Brücke zwischen Schule und Universität, sondern auch als Beispiel für eine Verbindung von Theorie (Erlernen des Programms) und Praxis (Anwendung in mathematischen Veranstaltungen und gegebenenfalls als Unterstützung in schulischen Projekten). Besonders die „Unterstützung bei der Planung eigenen Unterrichts" (Hamann, Kreuzkam, Schmidt-Thieme und Sander, 2014, 4) in Form des (fiktiven) Unterrichtsentwurfs inklusive einer Diskussion zum Nutzen von mathematischer Software bei der Vermittlung eines speziellen Themas ist einer der zentralen Punkte von *AWS*.

Eines der wesentlichen Ziele von HiStEMa (weitere Informationen finden
sich in Hamann, Kreuzkam, Nolting, Schulze und Schmidt-Thieme, 2014; de
Wiljes, Hamann und Schmidt-Thieme, 2016; de Wiljes und Hamann, 2013) ist
das Kennenlernen fachspezifischer Methoden. Dazu ist eine DGS besonders gut
geeignet, denn die Erstellung von Beispielen, das Ausloten von Grenzfällen und das
Finden von Gesetzmäßigkeiten werden deutlich erleichtert, wodurch Bewegliches
Denken unterstützt wird.

Zusätzlich sorgt die frühe Verwendung einer DGS sowohl für die Festigung
von (auch bei HiStEMa) gewünschtem Professionswissen, insbesondere in Be-
zug auf den Aspekt fachspezifisches Methodenwissen, als auch für eine stärkere
Verzahnung der Veranstaltungen im ersten Studienjahr; schon der Aufbau der
Oberfläche von *GeoGebra* zwingt die Nutzenden zur Vernetzung von *(Linearer)
Algebra* und *Geometrie*.

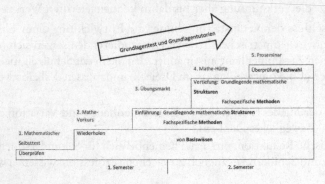

Abbildung 1: Das Projekt HiStEMa.

4 Berücksichtigung fachdidaktischer Aspekte

Auf drei spezielle Aspekte soll im Folgenden gesondert eingegangen werden. Es
wird herausgestellt, inwieweit die drei Bereiche durch die Veranstaltung *AWS* und
die weitere Einbindung in fachwissenschaftliche Veranstaltungen angesprochen
und gefördert werden und welche Eigenschaften einer DGS dabei verwendet
werden.

4.1 Bewegliches Denken

Wie in Kapitel 2 beschrieben, bietet eine DGS durch die schnelle Variation von
Bedingungen die Grundlage für den Erwerb Beweglichen Denkens. Die einge-

setzten Aufgaben in beiden Teilen der Veranstaltung ermöglichen durch ihren offenen Charakter ein entdeckendes Arbeiten (Büchter und Leuders, 2005, 88f.) seitens der Studierenden. Zusätzlich zu den bekannten Aufgaben wird insbesondere die Betrachtung von Extremfällen bei der Einbettung in fachmathematische Lehrveranstaltungen explizit eingefordert. Hierbei wird der Zug- und Spurmodus eingebunden (vgl. Kapitel 5).

Ein weiterer Baustein zur Förderung des Beweglichen Denkens ist das Verfassen der schriftlichen Unterrichtsplanung am Ende der Veranstaltung *AWS*, wodurch die Studierenden angehalten sind, eine didaktische Reduktion vorzunehmen, was als Teil von Professionswissen für den späteren Lehrerberuf notwendig ist (Shulman, 1987, 8).

4.2 Professionswissen von Lehrkräften

In Anlehnung an die Unterscheidung des Wissens von Lehrkräften nach Shulman (Shulman, 1986, 4f.) wird in der Veranstaltung sowohl fachmathematisches Wissen gefordert (Kennenlernen von Zusammenhängen bekannter geometrischer Objekte) als auch verdeutlicht, dass für die Vermittlung von mathematischen Inhalten eine didaktische Reduktion notwendig ist (fachdidaktisches Wissen). Durch die Wahl eines unbekannten geometrischen Zusammenhangs wird die Empathiefähigkeit der Studierenden für die Situation von Schülerinnen und Schülern gefördert (zum Einfluss von Empathie auf Unterricht vgl. Tausch, 2008, 162f.). Des Weiteren ist der kompetente Umgang mit Neuen Medien für Lehrkräfte unerlässlich, da sich die Schulen auch in diesem Bereich verändern (vgl. Bauer, 2011, 295). Durch die Diskussion von unterschiedlichen mathematischen Themenbereichen und Funktionen einer DGS setzen sich die Studierenden aktiv mit dem möglichen didaktischen Mehrwert des Programms auseinander.

Die Möglichkeit, gezielt Fokussierungshilfen zu erstellen (Buttons und bedingte Sichtbarkeit), gestattet eine Erarbeitung eines geometrischen Zusammenhangs auf unterschiedlichen Niveaustufen, was eine Voraussetzung für eine stärkere Individualisierung von Lernen ist.

4.3 Eigene Werkzeuge erstellen

Das Erstellen von Werkzeugen ist eine große Zeitersparnis für Lehrkräfte, da die gleiche Konstruktion auf Knopfdruck erstellt wird und es so möglich ist, eine Vielzahl unterschiedlicher geometrischer Objekte zu erhalten. Gleichzeitig wird hierdurch die fundamentale Idee des Algorithmus (vgl. u.a. Schmidt-Thieme, 2005, 177f., Klika, 2003, 4f.) angesprochen. Die Studierenden müssen bei der Erstellung eines Werkzeugs stark die Reihenfolge der Schritte berücksichtigen, da das Werkzeug ansonsten nicht die gewünschten Objekte erzeugt. Dies stellt eines der zentralen Merkmale der Leitidee „Algorithmus" dar und kann durch weitere informatorische Aspekte erweitert werden (vgl. Schmidt-Thieme, 2005, 179f.).

5 Einbettung in fachmathematische Lehrveranstaltungen

Um den Studierenden die Vorteile einer DGS zu veranschaulichen, werden im Laufe des Studiums einige Übungszettel aus den fachmathematischen Veranstaltungen mit Problemstellungen, in denen sich die Verwendung von einer DGS lohnt, bereitgestellt. Exemplarisch wird nun für einige fachmathematische Veranstaltungen (der Universität Hildesheim) eine solche Aufgabe präsentiert und der Mehrwert durch die Nutzung einer DGS diskutiert.

Lineare Algebra

Seien $u := (1,2) \in \mathbb{R}^2$ und $v := (-3,4) \in \mathbb{R}^2$.

(i) Zeichnen Sie das von u und v aufgespannte Parallelogramm und berechnen Sie dessen Flächeninhalt.

(ii) Bestimmen Sie nun zu $u' := (1,2,0) \in \mathbb{R}^3$ und $v' := (-3,4,0) \in \mathbb{R}^3$ das Kreuzprodukt $u' \times v'$.

(iii) Welche Länge hat $u' \times v'$? Was fällt Ihnen auf? Überprüfen Sie Ihre Vermutung mit einem wahr-falsch-Bericht.

(iv) Führen Sie nun vier Schieberegler für die Einträge von u und v ein und wiederholen Sie die vorherigen Schritte.

(v) Betrachten Sie den entscheidenden Teil von $u' \times v'$ und bringen Sie diesen mit einer bestimmten Matrix in Verbindung.

(vi) Versuchen Sie mit den gewonnenen Erkenntnissen eine passende Aussage zu formulieren und diese zu beweisen. *Hinweis: Finden Sie einen geometrischen Beweis im $\mathbb{R}^2$ für diese Flächeninhaltsberechnung, indem Sie geeignete Flächen betrachten.*

Das Kreuzprodukt wird hierbei nicht über den Flächeninhalt des von u und v aufgespannten Parallelogramms P (und weitere Eigenschaften) eingeführt, sondern mit Hilfe der bekannten Berechnungsformel. Dementsprechend muss der Zusammenhang zu der Größe der Fläche von P erst noch gefunden werden. Bekannt sind bereits Matrizen und Determinanten, so dass der Umgang mit diesen kein Problem darstellt. Mit Hilfe der 3D-Grafik-Ansicht von *Geogebra* erkennt man sehr gut, dass der Vektor $u' \times v'$ orthogonal zu u' und v' ist und sich entsprechend der Größe des von u' und v' aufgespannten Parallelogramms verändert. Genauso kann man an der dreidimensionalen Darstellung erkennen, dass u', v' und $u' \times v'$ ein Rechtssystem bilden. Diese Aspekte sind ohne DGS schwierig zu erkennen.

Geometrie

Erstellen Sie eine geeignete Zeichnung zur Darstellung der Aussage des Kreiswinkelsatzes. Dabei seien der Mittelpunkt des Kreises mit M und die drei Punkte auf dem Kreis (in mathematisch positiver Richtung) mit A, B und C (hier liege der zu betrachtende Kreiswinkel) bezeichnet.

(i) Zeichnen Sie nun die Dreiecke ABC, ABM, BCM und CAM ein und beweisen Sie den Satz, indem Sie geeignet Winkelgrößen miteinander vergleichen.

(ii) Schauen Sie sich Extremfälle durch Verschieben der Punkte A, B und C auf dem Kreis an. Was fällt Ihnen auf? Für welche Konstellation ergibt sich die Aussage eines anderen sehr bekannten Satzes direkt aus dem Kreiswinkelsatz?

(iii) Zeichnen Sie nun einen weiteren Punkt D auf den Kreis, und zwar auf die Seite der (von der Strecke AB geteilten) Kreislinie, auf der C nicht liegt. Es entsteht ein Viereck $ADBC$. Um was für ein spezielles Viereck handelt es sich? Was wissen wir bereits über solche Vierecke und die Gültigkeit welcher Eigenschaften könnte man mit Hilfe des Kreiswinkelsatzes beweisen?

Gleich große Winkel lassen sich schnell identifizieren durch Verändern der Startkonstellation, selbst wenn A, B und C zu Beginn ein gleichseitiges Dreieck gebildet haben sollten. Dies ist sicherlich ein großer Vorteil im Vergleich zu einer von Hand gefertigten Skizze.

Stochastik

Erstellen Sie zwei Schieberegler mit Namen n (ganze Zahl im Intervall $[0,15]$) und p (reelle Zahl im Intervall $[0,1]$). Ferner erstellen Sie für jede ganze Zahl k im Intervall $[0,n]$ ein Rechteck mit Seitenlängen 1 und $B_{n,p}(k)$ (Wert der Wahrscheinlichkeitsfunktion zur

Binomialverteilung an der Stelle k), das oberhalb der x-Achse liegt
und die zwei Eckpunkte $(k - \frac{1}{2}, 0)$ und $(k + \frac{1}{2}, 0)$ besitzt.

(i) Finden Sie nun heraus, inwiefern die Parameter n und p die Rechtecke verändern. Testen Sie dazu insbesondere extreme Werte von
p. Wie lässt sich dieses Verhalten erklären?

(ii) Sorgen Sie nun mit weiteren (ganzzahligen) Schiebereglern k_1
und k_2 dafür, dass jedes Rechteck besonders eingefärbt wird, das
zu einem k mit $k_1 \leq k \leq k_2$ korrespondiert. Was haben die
eingefärbten Rechtecke für eine Bedeutung?

(iii) Es soll nun die Wahrscheinlichkeit bestimmt werden, dass k zwischen k_1 und k_2 liegt. Wie lässt sich diese anhand der gegebenen
Objekte mit wenig Aufwand berechnen? Wie reagiert diese Wahrscheinlichkeit bei Veränderung von k_1 und k_2?

(iv) Lassen Sie sich auch den Erwartungswert ausgeben, indem Sie die
Flächeninhalte der Rechtecke verwenden. Wo liegt dieser (nicht
ganz überraschend)?

Die Visualisierung des Einflusses des Parameters p auf die betrachtete Wahr-
scheinlichkeitsverteilung bietet hier den größten Mehrwert. Durch Betrachtung
von kleinen Zahlenwerten und die sich daraus ergebenden Veränderungen in der
Verteilung erhalten Studierende einen Einblick in die dahinter liegenden mathematischen Zusammenhänge.

Zahlentheorie

Starten Sie mit zwei positiven ganzzahligen Schiebereglern a und c
und erstellen Sie ein Rechteck R mit Seitenlängen a und c.

(i) Was fällt Ihnen beim Flächeninhalt von R auf, wenn Sie nur
c variieren (beispielsweise mit $a = 3$)? Welche Zahlen können
lediglich auftauchen?

(ii) Bringen Sie die Begriffe Teiler, Faktor, Vielfaches und Komple-
mentärteiler mit dem gerade beobachteten Phänomen in Verbindung.

(iii) Überlegen Sie sich nun einen geometrischen Beweis dafür, dass
aus $a \mid b$ und $a \mid d$ die Aussage $a \mid (b + d)$ folgt.

(iv) Versuchen Sie die obige Aussage zu verallgemeinern, indem Sie
mit denselben Voraussetzungen $a \mid (kb + ld)$ für alle natürlichen
Zahlen k und l folgern.

Die beiden Aussagen in (iii) und (iv) können geometrisch einfach durch eine Hintereinanderreihung von Rechtecken bewiesen werden. Den Studierenden sollte deutlich werden, dass es sinnvoll sein kann, (mathematische) Probleme anders zu interpretieren.

Graphentheorie

Zeichnen Sie zwei beliebige zusammenhängende planare Graphen G und H (jeweils auf mindestens 6 Ecken) überschneidungsfrei.

(i) Überlegen Sie sich anhand der Zeichnung, warum die Eulersche Polyederformel für $G \cup H$ nicht gilt.

(ii) Versuchen Sie nun möglichst wenige Kanten zu G hinzuzufügen, so dass der resultierende Graph nicht mehr planar ist. Erstellen Sie dabei gegebenenfalls Kopien von G.

(iii) Zeichnen Sie den $\mathcal{K}_6$ mit möglichst wenig Überschneidungen. Wenn Sie dies per Hand tun würden, könnten Sie dann auf weniger Überschneidungen kommen (etwa durch Verwendung „anderer" Kanten)? Überlegen Sie sich auch, wie groß die Anzahl der Überschneidungen mindestens sein muss und ob Ihr gefundenes Ergebnis bereits bestmöglich ist.

Eine DGS bietet den Vorteil, den gezeichneten $\mathcal{K}_6$ manipulieren zu können, was bei einer von Hand gezeichneten Skizze nach häufigem (beispielsweise) Radieren zu deutlichen Qualitätsminderungen führen kann. Ein Nachteil von *GeoGebra* sind die begrenzten Darstellungsmöglichkeiten von Kanten (Strecken bzw. Kreisbögen).

Die berücksichtigen Aspekte der Einsatzmöglichkeiten einer DGS (vgl. Kapitel 2) in den Aufgabenbeispielen können der folgenden Tabelle entnommen werden.

6 Evaluation

Im Wintersemester 17/18 wurde die Veranstaltung *AWS* evaluiert, um das Format des Kurses zu überprüfen. An der Befragung haben Studierende verschiedener Fachsemester teilgenommen, so dass die Anzahl der Möglichkeiten, *GeoGebra* in anderen Veranstaltungen einzusetzen, sehr unterschiedlich waren.

Es ist einerseits deutlich geworden, dass bereits 30% der Studierenden die Software freiwillig in fachmathematischen Veranstaltungen (teilweise auch bei Abschlussarbeiten) als Hilfswerkzeug eingesetzt haben, in der Regel mit positivem

Ziel des DGS-Einsatzes	Lin. Alg.	Geometrie	Stochastik	ZT	GT
Bewegliche Argumentation kommunizieren	X	X	X	X	X
Beweisideen vermitteln				X	X
Verständnisgrundlage für Begriffe und ihre Eigenschaften bilden			X		X
Experimentelles Arbeiten: Entdecken von Zusammenhängen	X	X	X	X	X
Experimentelles Arbeiten: Finden von Ideen im Problemlöseprozess		X	X		X
Reflexion von Problemlöseprozessen	X		X		

Tabelle 2: Einsatzmöglichkeiten einer DGS.

Effekt wie das Zitat „In der Vorlesung Geometrie gab es immer wieder Aufgaben bei denen man Geogebra benutzen musste. Aber auch zum Üben für die Klausur, war dies ein gutes Tool, um sich bestimmte Dinge erstmal bildlich vor Augen zu führen. Auch für das Proseminar habe ich das Programm benutzt." zeigt. Andererseits sind 60% der Befragten nach dem Kurs der Meinung, dass sich *GeoGebra* sowohl im Schulunterricht als auch als Lehrertool (gut) einsetzen lässt. Der erste Punkt macht aber auch deutlich, dass die Vorzüge der Verwendung von Software noch deutlicher kommuniziert werden sollten, etwa durch mehr und gut gewählte Beispiele, und die Verflechtung mit den weiterführenden Veranstaltungen gestärkt werden muss.

Freitextantworten wie „Geogebra für den Unterricht in der Grundschule gut verwendbar zur Veranschaulichung.", „Ich fand den gesamten Kurs sehr wichtig, da mir der Umgang mit Geogebra auch im weiteren Verlauf des Studiums sehr geholfen hat." und „Die Inhalte bezüglich Geogebra waren nützlich, da man das Programm sehr gut im Verlauf des Studiums oder später im Unterricht mit den SuS anwenden kann." untermauern die Vermutung, dass eine Veranstaltung wie *AWS* einen Mehrgewinn für das Lehramtsstudium darstellt.

7 Fazit und Ausblick

Die Einbindung Dynamischer Geometriesoftware in alle Ebenen des Lehramtsstudiums Mathematik bietet viele Vorteile, von denen in diesem Artikel einige, insbesondere solche, die die Hochschullehre aus studentischer Sicht betreffen, besprochen wurden.

Zu den hier (im Wesentlichen) noch nicht diskutierten Vorteilen gehört der (direkte) Bezug zur Schulmathematik und die zukünftige Ausübung der Profession der Studierenden. Angeschnitten werden diese bereits durch die Entwicklung einer Unterrichtsstunde zu einem geometrischen Thema. Hierzu gibt es selbstverständlich einiges an Literatur (u.a. Heintz, Pinkernell und Schacht, 2016; Hillmayr, Reinhold, Ziernwald und Reiss, 2017).

Es ist angedacht, sowohl quantitativ als auch (ausgefeilter) qualitativ zu evaluieren, welchen Einfluss die vorgestellte Einführung in *GeoGebra* sowohl auf den weiteren Verlauf des Studiums (in Hinblick auf Verwendung und auf effektiven Nutzen) als auch auf die spätere Benutzung im Schuldienst (im Sinne der Frage „Wird Mathematiksoftware, insbesondere DGS, stärker benutzt?") hat. Beide Bereiche sind sicherlich mit einigen Schwierigkeiten verbunden, da hier auch eine ganze Reihe anderer Faktoren eine Rolle spielen (werden).

Da sich trotz einiger aktueller Initiativen (Hochschulforum Digitalisierung, EDUCAUSE, edX, u.a.) die „digitale Bildung" der Studienanfängerinnen und Studienanfänger nach wie vor auf einem (deutlich) zu niedrigen Niveau bewegt, werden Formate wie das hier vorgestellte sicherlich zum Einsatz kommen müssen, vermutlich sogar verstärkt.

Literatur

Bauer, Petra (2011). „Vermittlung von Medienkompetenz und medienpädagogischer Kompetenz in der Lehrerausbildung". In: *Wissensgemeinschaften. Digitale Medien – Öffnung und Offenheit in Forschung und Lehre*. Hrsg. von Thomas Köhler und Jörg Neumann. Waxmann, S. 294–303.

Bender, Peter (1989). „Anschauliches Beweisen im Geometrieunterricht - unter besonderer Berücksichtigung (stetiger) Bewegungen bzw. Verformungen". In: *Anschauliches Beweisen. 7. und 8. Workshop zur „Visualisierung in der Mathematik" in Klagenfurt im Juli 1987 und 1988*. Hrsg. von Herrmann Kautschitsch und Wolfgang Metzler. B. G. Teubner, S. 95–145.

Büchter, Andreas und Timo Leuders (2005). *Mathematikaufgaben selbst entwickeln. Lernen fördern - Leistung überprüfen*. Cornelsen Scriptor.

de Wiljes, Jan-Hendrik und Tanja Hamann (2013). „Die Hildesheimer Mathe-Hütte - ein Angebot zur Einführung in mathematisches Arbeiten im ersten Studienjahr". In: *Beiträge zum Mathematikunterricht 2013*. Hrsg. von Gilbert Greefrath, Friedhelm Käpnick und Martin Stein. Bd. 1. WTM-Verlag, S. 248–251.

de Wiljes, Jan-Hendrik, Tanja Hamann und Barbara Schmidt-Thieme (2016). „Die Hildesheimer Mathe-Hütte - ein Angebot zur Einführung in mathematisches Arbeiten im ersten Studienjahr". In: *Lehren und Lernen von Mathematik in der Studieneingangsphase: Herausforderungen und Lösungsansätze*. Hrsg. von Axel Hoppenbrock, Rolf Biehler, Reinhard Hochmuth und Hans-Georg Rück. Springer, S. 101–113.

Hamann, Tanja, Stephan Kreuzkam, Daniel Nolting, Heidi Schulze und Barbara Schmidt-Thieme (2014). „HiStEMa: Das erste Studienjahr. Hildesheimer Stufen zum Einstieg in die Mathematik". In: *Beiträge zum Mathematikunterricht 2014*. Hrsg. von Jürgen Roth und Judith Ames. Bd. 2. WTM-Verlag, S. 1351–1352.

Hamann, Tanja, Stephan Kreuzkam, Barbara Schmidt-Thieme und Jürgen Sander (2014). „„Was ist Mathematik?" Einführung in mathematisches Arbeiten und Studienwahlüberprüfung für Lehramtsstudierende". In: *Mathematische Vor- und Brückenkurse: Konzepte, Probleme und Perspektiven*. Hrsg. von Isabell Bausch, Rolf Biehler, Regina Bruder, Pascal R. Fischer, Reinhard Hochmuth, Wolfram Koepf, Stephan Schreiber und Thomas Wassong. Springer, S. 375–387.

Heintz, Gaby, Guido Pinkernell und Florian Schacht, Hrsg. (2016). *Digitale Werkzeuge für den Mathematikunterricht Festschrift für Hans-Jürgen Elschenbroich*. Klaus Seeberger, Neuss.

Hillmayr, Delia, Frank Reinhold, Lisa Ziernwald und Kristina Reiss, Hrsg. (2017). *Digitale Medien im mathematisch-naturwissenschaftlichen Unterricht der Sekundarstufe: Einsatzmöglichkeiten, Umsetzung und Wirksamkeit*. Waxmann, Münster.

Klika, Manfred (2003). „Zentrale Idee - Echte Hilfen". In: *Mathematik lehren* 119, S. 4–7.

Kortenkamp, Ulrich (2008). „Strukturieren mit Algorithmen". In: *Informatorische Ideen im Mathematikunterricht*. Hrsg. von Ulrich Kortenkamp. Franzbecker, S. 77–85.

Laakmann, Heinz (2008). „Multirepräsentationsprogramme im Mathematikunterricht: Neue Möglichkeiten durch freien Wechsel der Werkzeuge." In: *Der Mathematikunterricht* 54, S. 44–49.

Meyer, Karsten (2013). „GeoGebra - Aspekte einer dynamischen Geometriesoftware". In: *Technologien im Mathematikunterricht*. Hrsg. von Markus Ruppert und Jan Wörler. Springer Spektrum, S. 5–12.

Padberg, Friedhelm und Sebastian Wartha (2017). *Didaktik der Bruchrechnung*. Springer.

Roth, Jürgen (2005). *Bewegliches Denken im Mathematikunterricht*. Hildesheim: Franzbecker.

– (2008). „Dynamik von DGS - Wozu und wie sollte man sie nutzen?" In: *Informatische Ideen im Mathematikunterricht*. Hrsg. von Ulrich Kortenkamp, Hans-Georg Weigand und Thomas Weth. Bericht über die 23. Jahrestagung des Arbeitskreises „Mathematikunterricht und Informatik" in der Gesellschaft für Didaktik der Mathematik e.V. Verlag Franzbecker, S. 131–138.

Schmidt-Thieme, Barbara (2005). „Algorithmen - fächerübergreifend und alltagsrelevant". In: *Strukturieren - Modellieren - Kommunizieren. Leitbilder mathematischer und informatorischer Aktivitäten*. Hrsg. von Joachim Engel, Rose Vogel und Silvia Wessolowski. Franzbecker, S. 177–188.

Shulman, Lee S. (1986). „Those who understand: Knowledge growth in teaching". In: *Educational Researcher* 15, S. 4–14.

– (1987). „Knowledge and teaching: foundations of the new reform". In: *Harvard Educational Review* 57, S. 1–22.

Tausch, Reinhard (2008). „Personzentriertes Verhalten von Lehrern in Unterricht und Erziehung". In: *Lehrer-Schüler-Interaktion – Inhaltsfelder, Forschungsperspektiven und methodische Zugänge 2. Auflage*. Hrsg. von Martin K. W. Schweer. Verlag für Sozialwissenschaften, Wiesbaden, S. 155–176.

Weigand, Hans-Georg und Thomas Weth (2002). *Computer im Mathematikunterricht*. Spektrum Akademischer Verlag.

Impulse zum Computereinsatz im Geometrieunterricht der Sekundarstufe I

Boris Girnat

Abstract *Dieser Beitrag befasst sich mit neueren Tendenzen zum Computereinsatz im Geometrieunterricht der Sekundarstufe I. Schwerpunktmäßig werden dynamische Geometriesysteme (DGS) und Tabellenkalkulationen betrachtet. Zunächst wird in einem kurzen Überblick dargestellt, wie sich die Ideen zum Einsatz von DGS-Programmen in den vergangenen vierzig Jahren gewandelt haben. Dann wird erläutert, aus welchen Gründen Tabellenkalkulationen gewinnbringend im Geometrieunterricht eingesetzt werden können. Anschließend werden diese Überlegungen an Aufgaben veranschaulicht. Diese Aufgaben hat der Autor für die Schulbuchreihe „Mathe 21" erstellt [1]. Jede Aufgabe wird zunächst kurz vorgestellt. Ihr didaktischen Potential für den Geometrieunterricht wird danach ausführlich beschrieben.*

1 Computer im Mathematikunterricht

Digitale Werkzeuge haben viele Bereiche unseres Lebens verändert – auch den Mathematikunterricht. Computer, Tablets und Smartphones lassen sich in unterschiedlicher Weise im Mathematikunterricht einsetzen (vgl. Barzel, Hußmann und Leuders, 2005, S. 6ff.): Man kann sie als bloßen Zugang zum Internet benutzen; sie können aber auch eine digitale Lernumgebung oder ein tutorielles System ablaufen lassen, die einen Lernvorgang Schritt für Schritt steuert; man kann Programme verwenden, die nicht unbedingt für den Mathematikunterricht entwickelt worden sind (wie beispielsweise Mal- oder Schreibprogramme oder Tabellenkalkulationen und Programmierumgebungen) oder auch solche Programme, die speziell für den Einsatz im Mathematikunterricht konzipiert worden sind, die aber – anders als digitale Lernumgebung – nicht an eine Lerneinheit, einen vorgegebenen Lernweg oder eine digital geleitete Lehrmethode gebunden sind. Programme dieser

---

[1] vgl. Girnat und Meier, 2016c; Girnat und Meier, 2017b; Girnat und Meier, 2018b.

Art lassen sich als „Vielzweckprogramme" inhaltlich und methodisch flexibel einsetzen. Den verschiedenen Programmtypen liegen unterschiedliche Einsatzziele zugrunde:

> In der Regel werden vier unterrichtsmethodische Gesichtspunkte zum Rechnereinsatz im Mathematikunterricht unterschieden: der Rechner als
>
> - *Medium* zur Darstellung, Demonstration und Veranschaulichung mathematischer Phänomene wie Kurven, Funktionen, Raumkurven, Flächen, Verteilungen;
> - *Werkzeug* zur Einübung gewisser Techniken und Fertigkeiten, zur Unterstützung des Verständnisses mathematischer Verfahren und Begriffe und zur Verringerung des Rechenaufwandes bei Beispielen und des Aufwandes bei Termumformungen;
> - *Tutor*, als Hilfsmittel für spezielle Lernprozesse;
> - *Entdecker*, als Hilfe beim Entdecken mathematischer Zusammenhänge im Sinne eines experimentellen Unterrichts, beim Entwickeln und Überprüfen von Hypothesen, z. B. bei der Untersuchung von Veränderungen geometrischer Figuren in Abhängigkeit von Eckpunkten und der Abhängigkeit gewisser Kurvenscharen von Parametern. (Tietze, 1997, S. 45)

Die Funktion des Tutors übernehmen in der Regel digitale Lernumgebungen. Diese Programme werden hier nicht betrachtet, sondern Computerprogramme, die sich flexibel für die drei anderen Einsatzgebiete verwenden lassen. In den vergangenen vierzig Jahren haben sich unter diesem Gesichtspunkt im Wesentlichen die folgenden Programme verbreitet:

> Seit Ende der 1980er Jahre wurden vor allem folgende Werkzeuge bezüglich ihrer Möglichkeiten für den Einsatz im Mathematikunterricht erörtert: Funktionenplotter, Computeralgebrasysteme (CAS), Tabellenkalkulationssysteme (TKS) und Systeme für Bewegungsgeometrie (DGS) unter Einschluss ihrer Möglichkeiten zur Visualisierung, ferner das World Wide Web. (Hischer, 2016, S. 141)

Da dieser Aufsatz den Geometrieunterricht der Sekundarstufe I im Blick hat, stehen insbesondere Programme für die Bewegungsgeometrie im Vordergrund. Diese *dynamischen Geometriesysteme* (DGS) liegen dem Geometrieunterricht naturgemäß am nächsten. Sie sind seit den 1980er Jahren speziell für Konstruktionen der euklidischen Geometrie entwickelt worden, beherrschen mittlerweile aber oft auch nicht-euklidische Geometrien und verschmelzen in zunehmendem Maße mit Algebra- und Statistikprogrammen oder integrieren einen Funktionsplotter oder Aufgaben einer Tabellenkalkulation (vgl. Kaenders und Schmidt, 2014). Die

DGS-Systeme stehen zwar in diesem Aufsatz im Vordergrund, aber auch Tabellenkalkulationen werden angesprochen, da sie sich ebenfalls in vielfältiger Weise im Geometrieunterricht nutzen lassen.

2 Dynamische Geometriesysteme (DGS) und ihre Einsatzmöglichkeiten im Geometrieunterricht

Computerprogramme, mit denen man Zeichnungen und Grafiken anfertigen kann, gibt es in großer Zahl. Sie reichen von einfachen „Malprogrammen" bis hin zum Computer Aided Design (CAD) (vgl. Kadunz und Sträßer, 2007, S. 50–57). Für den Geometrieunterricht (der Sekundarstufe I) sind vor allem *dynamische Geometriesysteme* (DGS)[2] interessant. Der Grund dafür ist folgender:

> Die Grundphilosophie aller DGS entspricht der griechischen Tradition der Zirkel- und Linealgeometrie, dass außer einem *Zirkel* (zum Zeichnen von Kreisen und Übertragen von Strecken) und einem *Lineal* ohne Maßeinteilung (zum Zeichnen von Geraden) keine weiteren Instrumente (wie Winkelmesser, ‚Rechte Winkel', Zeichendreiecke, Parabelschablonen, Ellipsenzirkel, …) verwendet werden (dürfen). (Weigand und Weth, 2002, 156f.).

Die Sichtweise der Schulgeometrie, die diesem Zitat zugrunde liegt, entspricht vor allem den Leitgedanken aus der Anfangszeit der dynamischen Geometriesysteme in den 1980er Jahren: Das DGS-System sollte genau die Konstruktionsmöglichkeiten bieten, die dem axiomatischen Aufbau der euklidischen Geometrie entsprechen und damit den Schülerinnen und Schüler ein Werkzeug an die Hand gegeben, mit dem sie prinzipiell gar nicht anders als „euklidisch" konstruieren können. Die erste Leitidee der DGS-Systeme hieß also: Mehr Euklid!

2.1 DGS: Mehr Euklid

In der Anfangszeit der DGS-Systeme sollten die Schülerinnen und Schüler in einem System arbeiten, in dem sie von den Konstruktionswerkzeugen, die in der euklidischen Geometrie (der Ebene) vorgesehen sind, nicht abweichen können. Sie sollten nicht – wie etwa auf dem Papier – auch theoretisch unzulässige Konstruktionen durchführen können – wie beispielsweise einen Winkel „nach Augenmaß" in drei gleiche Teile teilen oder einen Würfel „durch Ausprobieren" verdoppeln.

---

[2]Gängige dynamische Geometriesysteme sind vor allem Cabri Géomètre, Cinderella, Dynageo, CaRMetall, GeoGebra, Geolog, Geometer's Sketchpad, Geonext, Thales und Zirkel-und-Lineal bzw. kurz Z.u.L. (vgl. Weigand und Weth, 2002, S. 157, und Hattermann und Sträßer, 2006).

Dieser Haltung liegt die klassische Ansicht zugrunde, dass sich zulässige Konstruktionen und Axiome der Geometrie entsprächen, dass also nichts konstruierbar sei, dessen Existenz nicht aus den Axiomen folgte. Umgekehrt ist in dieser Sicht eine Konstruktion nicht bloß eine handwerklich durchgeführte Zeichnung, sondern auch der Nachweis, dass ein regelgerecht konstruiertes Objekt mit den Axiomen der euklidischen Geometrie vereinbar ist, also „existiert":

> Zirkel-und-Lineal-Konstruktionen liegt in der Geometrie kein praktisches, sondern ein theoretisches Interesse zugrunde. Es geht nicht um das tatsächliche Herstellen realer Objekte, sondern um das gedankliche Erzeugen ideeller Objekte (Punkte ohne Ausdehnung, Strecken Geraden Kreise ohne Dicke oder Breite) mit Hilfe idealisierter Operationen (Kreise ziehen, Punkte mit Lineal verbinden). Dies führt dann in der Vorstellung zu theoretisch exakten Ergebnissen; die praktische Durchführung (das reale Zeichnen von Kreisen mit dem Zirkel oder Strecken und Geraden mit dem Lineal) ist – auch bei größtmöglicher Sorgfalt der Konstruktion – stets ungenau bzw. nur innerhalb einer Zeichentoleranz genau. *Theoretisch exakt ist somit etwas anderes als praktisch genau.* „Genau" im Sinne von *exakt* ist eine Konstruktion nur im theoretischen Sinn, wenn es um den Umgang mit idealen Objekten unter idealen Operationen geht. (Ludwig und Weigand, 2009, S. 63f.)

Diese Sichtweise ist zwar nicht mehr die einzige Grundlage des Geometrieunterrichts (oder war es das vielleicht auch nie – jedenfalls nicht zur Gänze); dennoch lässt sich aus dieser Sicht erklären, warum DGS-Programme auch heute noch in ihrem Kern gewisse Eigenschaften und Funktionen haben, die auf eine möglichst exakte Umsetzung der euklidischen Axiomatik zielen.

Abbildung 1: Konstruktionswerkzeuge des DGS-Programms Z.u.L. bzw. C.a.R. (siehe http://car.rene-grothmann.de)

Dieses Ziel erkennt man beispielsweise nach wie vor an den Konstruktionswerkzeugen der DGS-Systeme (siehe Abb. 1): In der zweiten Reihe der Icon-Leiste dieses Programmes findet man zunächst die klassisch euklidischen Konstruktionen (einen Punkt zeichnen, eine Gerade/Strecke/Strahl durch zwei Punkte zeichnen oder Kreise konstruieren), dann „zusammengesetzte" Standardabfolgen euklidischer Konstruktionen (sogenannte Makros) wie z. B. eine Parallele zu einer Geraden durch einen Punkt zeichnen; schließlich findet man auch nicht-euklidische Konstruktionen wie Kegelschnitte oder Spiegelungen am Kreis (Letzteres in der dritten Reihe), die sich euklidisch allenfalls punktweise durchführen lassen.

Ein DGS-System ist aber nicht allein ein digitales Zeichenblatt, das in euklidische Bahnen leiten soll. Schon in den ersten DGS-Programme hat man zusätzliche Fähigkeiten genutzt, die sich allein dadurch ergeben haben, dass nicht physisch auf Papier, sondern digital auf einem Bildschirm konstruiert wird:

> Für den Geometrieunterricht in Schulen wurden innerhalb der letzten 20 Jahre eine Reihe von Programmen entwickelt, die als *dynamische Geometriesysteme* (DGS) bezeichnet werden. Derartige Systeme simulieren auf dem Computer das Zeichnen und Konstruieren mit dem klassischen Zeichenmedium, wobei ein Zeichenfenster das Zeichenblatt ersetzt und die Zeichenoperationen unter Mithilfe der Maus menügesteuert durchgeführt werden. In ihren Möglichkeiten gehen sie aber weit über das klassische Zeichenmedium hinaus:
>
> – Im sogen. *Zugmodus* kann eine eingegebene Konstruktion variiert werden, indem die Position eines vom Benutzer eingegebenen Punktes durch Ziehen mit der Maus geändert wird.
> – Durch das Zusammenfassen mehrerer Konstruktionsschritte zu einem *Makro* wird modulares Konstruieren ermöglicht.
> – Beliebige *Ortslinien* können als Punktmengen generiert werden. (Holland, 2007, 69f.)

Der Zugmodus und die Ortslinien – und auch die im Zitat nicht erwähnten Schieberegler – sind die Eigenschaften eines dynamischen Geometriesystems, durch das es überhaupt die Bezeichnung „dynamisch" verdient. Mit diesen Merkmalen kommt Beweglichkeit und funktionales Denken in die euklidische Geometrie und man weicht mit ihnen von den Standards der traditionellen euklidischen Geometrie, die Beweglichkeit und funktionale Abhängigkeit in einer Konfiguration nicht kennt.

2.2 DGS: Mehr Beweglichkeit und funktionales Denken

Mit Ortslinien kann man „die *Bahnbewegung* von Punkten visualisieren, die in Abhängigkeit zu anderen Punkten stehen" (Graumann, Hölzl, Krainer, Neubrand und Struve, 1996, S. 197).[3] Damit erst treten die beiden bereits genannten Aspekte in die Geometrie, die den klassischen Konstruktionswerkzeugen fehlen: Bewegungen und funktionale Abhängigkeiten.

---

[3] Einige DGS-Systeme berücksichtigen bei Ortslinien auch die Abhängigkeit eines Punktes von Zahlenwerten, die über Schieberegler eingestellt werden können, z. B. bei Längen, Winkelgrößen oder Punktkoordinaten.

Bahnbewegungen (von Punkten) lassen sich physikalisch als *kinematische Bewegungen* interpretieren, für die es in der klassisch-euklidischen Geometrie keinen Platz gibt, da sie den Begriff der Zeit und damit den der Bewegung oder Veränderung nicht kennt (vgl. Balzer, 1978; Struve, 1990). Für den Schulunterricht wurde (und wird) es aber immer wieder vorgeschlagen, Bewegungsabläufe in die Geometrie einzubeziehen und die „statische" Geometrie Euklids um eine „Beweglichkeitsgeometrie" zu ergänzen (beispielsweise schon Kusserow, 1928, oder in neuerer Zeit u. a. Führer, 2002).

Durch die *Abhängigkeit* eines Punktes oder eines Objektes von anderen Punkten oder Objekten wird ein *funktionaler Zusammenhang* in die Geometrie eingeführt: Verändert sich die Lage eines Punktes, so verändert sich abhängig davon die Lage oder die Form anderer geometrischer Objekte.

Das Denken in funktionalen Zusammenhängen hat zwei Aspekte (vgl. Vollrath, 1989 oder Wittmann, 2008, S. 20–22):[4] den Kovarianz- und den Zuordnungsaspekt. Unter dem *Kovarianzaspekt* betrachtet man, wie sich die Lageveränderung eines Punktes auf die Lage eines anderen Punktes *zeitlich-sukzessiv*, also *dynamisch* auswirkt (davon ist die Bahnbewegung ein Spezialfall). Nach dem *Zuordnungsaspekt* kann man die *Gesamtheit* der Punkte auf der *Ortslinie* in den Blick nehmen. Dadurch betrachtet man das „Gesamtergebnis" einer funktionalen Abhängigkeit *statisch*, nicht dynamisch. Dadurch rücken gemeinsame Eigenschaften der Punkte in den Vordergrund. Den Punkten auf einer Ortslinie ist nämlich durch die funktionale Abhängigkeit stets eine geometrische Eigenschaft gemeinsam. Fast man z. B. den Kreis als Ortslinie auf, so ist allen Punkten auf dem Kreis gemeinsam, dass sie gleich weit von einem vorgegebenen Punkt (dem Mittelpunkt des Kreises) entfernt sind. Ähnlich kann man eine Mittelsenkrechte, Winkelhalbierende oder Parabel als Ortslinie oder „geometrischen Ort" definieren. Mit dieser „gemeinsamen, definierenden Eigenschaft" wird eine funktionale Abhängigkeit festgelegt. In der euklidischen (Zeichenblatt-)Geometrie kann man zwar den Ort aller Punkte, die gemeinsam eine funktionale Abhängigkeit erfüllen, statisch als Ortslinie betrachten, aber erst in einem DGS-System kann der funktionale Aspekt mit einer dynamischen Sicht des Kovarianzaspektes verbunden werden: Ortslinien können quasi-kontinuierlich „durchlaufen" werden. Konstruiert man z. B. einen Punkt so, dass er gleich weit von zwei anderen entfernt ist, und lässt sich seine Ortslinie anzeigen, so entsteht die Mittelsenkrecht zwischen diesen beiden Punkten und man kann visualisieren, wie ein Punkt auf dieser Mittelsenkrechten „wandert" und dabei stets denselben Abstand von den beiden Ausgangspunkten hat.

---

[4] Siehe auch den Beitrag „Förderung Beweglichen Denkens bei fachmathematischen Inhalten durch den Einsatz Dynamischer Geometriesoftware im Lehramtsstudium" von Daniel Nolting und Jan-Hendrik de Wiljes in diesem Band ab S. 1.

Ohne DGS oder ein spezielles Zeichenwerkzeug (wie z. B. eine Parabelschablone) können Ortslinien, die keine Geraden, Strecken oder Kreise sind, in der Regel von Hand nur durch die Konstruktion endlich vieler Punkte angedeutet werden. Auch die Heuristik der Ortslinienmethode erhält durch DGS-Systeme neue Möglichkeiten in Beweis- und Problemaufgaben und kann dafür eingesetzt werden, die Sicht typischer Objekte der Schulgeometrie – wie die besonderen Linien im Dreieck – als geometrische Örter fördern und auf ihre relationalen Eigenschaften in Beweis- und Problemaufgaben aufmerksam zu machen (vgl. Holland, 2007, S. 165–169): Die Winkelhalbierende halbiert nicht nur einen Winkel, sondern die Schülerinnen und Schüler lernen auch ihre Ortslinieneigenschaft kennen, dass sie nämlich genau die Punkte umfasst, die von den beiden Schenkeln eines Winkels gleich weit entfernt sind. Diese Eigenschaft lässt sich vielfach in Beweisen und Problemaufgaben einsetzen. In ähnlicher Weise ist es möglich, dass ein „DGS durch ein geeignetes Zusammenspiel von Zugmodus und Ortslinie die heuristische Strategie des ‚Weglassens eine Bedingung' wirkungsvoll unterstützen kann" (Kadunz und Sträßer, 2007, S. 58).

Die Ortslinien waren aber nicht das erste dynamische Merkmal der DGS-Systeme. Das älteste ist der Zugmodus: „Der *Zugmodus* ist dasjenige charakteristische Merkmal eines dynamischen Geometriesystems, das die Bezeichnung *dynamisch* rechtfertigt" (Holland, 2007, S. 78). Mit dem Zugmodus kann man aber nicht nur – wie bei anderen Zeichenprogrammen auch – Punkte verschieben; der entscheidende Unterschied liegt darin, dass geometrische Objekte, die abhängig von diesem Punkt konstruiert worden sind, so mitbewegt werden, dass die geometrischen Relationen, die durch die Konstruktion eingeführt worden sind, erhalten bleiben:

> Der Zugmodus respektiert die bei der Konstruktion ausdrücklich genutzten geometrischen Relationen [...] und erhält so auch die Relationen, die logisch aus ihnen folgen [...]. Der Konstrukteur einer Zeichnung hat so ein (wie sich erweisen wird: nur notwendiges, nicht hinreichendes) Kriterium für die Richtigkeit einer Konstruktion. Weist eine Zeichnung nach Variation eines Basispunktes nicht mehr die entsprechenden optischen Eigenschaften auf, so ist die Konstruktion nicht korrekt. (Kadunz und Sträßer, 2007, S. 58)
>
> Damit zeigt [sich], dass die Einbeziehung von DGS in den Unterricht eine strengere Auffassung geometrischer Konstruktionen mit sich bringt: Anders als bei Geodreiecks-Konstruktionen sind bei den DGS-Konstruktionen im Sinne der Zugmodusinvarianz nur „reine" Zirkel- und Linealkonstruktionen korrekt. Im Unterricht erweist sich der Einsatz des Zugmodus als eine schnelle, einfach zu handhabende und relativ sichere Methode, um die Richtigkeit von Konstruktionen zu überprüfen. (Weigand und Weth, 2002, S. 160).

Da der Zugmodus die Relationen erhält, die durch eine Konstruktion herge-stellt worden sind, verändert sich zwar die Zeichnung, sie bleibt aber ein Vertreter ein und derselben Figur bzw. Konfiguration: „Variiert man im Zugmodus einen Repräsentanten (Zeichnung), so führt das nicht aus der Klasse (Figur) hinaus, die er vertritt" (Hölzl, 1994, S. 68). Damit lassen sich nicht nur Konstruktionen auf ihre Korrektheit überprüfen; die Invarianz gegenüber dem Zugmodus kann auch die *heuristische Funktion* real durchgeführter Konstruktionen unterstützen: Wenn eine Eigenschaft einer Figur unter dem Zugmodus *invariant* bleibt, besteht der Verdacht, dass sie eine *notwendige, also beweisbare Eigenschaft* dieser Figur ist. Bleibt sie nicht invariant, so ist sie mit Sicherheit keine notwendige Eigen-schaft; sie könnte aber eine beweisbare Eigenschaft eines oder mehrerer, noch zu spezifizierender Spezialfälle sein; d. h. der Zugmodus kann als Mittel für einen ent-deckenden Unterricht eingesetzt werden, der Anlässe zum Vermuten, Begründen, Argumentieren und Beweisen liefert:

> Durch den Zugmodus können die Lernenden
>
> – Vermutungen einfacher und schneller überprüfen,
> – viele mögliche Fälle betrachten,
> – Spezialfälle gezielt erzeugen, ggf. auch Gegenbeispiele finden,
> – Invarianzen oder funktionale Abhängigkeiten erkennen sowie
> – Ortslinien untersuchen. (Elschenbroich, 2005, S. 77)

2.3 DGS: Weniger Euklid

Hat man DGS-Programme zu Anfang als Mittel dazu angesehen, eine „euklidi-schere" Geometrie in den Schulunterricht zu bringen, so hat sich spätestens ab den 1990er Jahren der Bildungsbegriff für den Mathematikunterricht verändert. Diese Entwicklung hat auch zu einer Umorientierung im Geometrieunterricht geführt (vgl. Girnat, 2017, S. 240ff.): Statt einer speziell mathematischen, insbesondere auch theoretischen oder formalen Bildung stehen seitdem die Allgemeinbildung und die Kompetenzorientierung – besonders ihre praxisbezogenen Aspekte – stärker im Vordergrund:

> Durch die Abkehr von der Neuen Mathematik Ende der siebziger Jahre war es notwendig geworden, auch dem Unterricht eine neue *didaktische Orientierung* zu geben. In die hierdurch entstandene Diskussion über Ziele des Geometrieunterrichts wurden verschiedene neue Gesichtspunkte ein-gebracht, unter denen Geometrie in der Schule vermittelt werden kann. Beispiele hierfür sind: Geometrie als Mittel zur Erreichung intellektueller Kompetenzen, zur praktischen Nutzung im Alltag, zur Entfaltung spiele-rischer Fähigkeiten und zur Entwicklung von Freude an Mathematik, als

Begriffsapparat, als Kulturgut, als Feld für charakteristisches mathematisches Arbeiten. (Graumann, Hölzl, Krainer, Neubrand und Struve, 1996, S. 169)

Im Zuge einer verstärkten Debatte über einen allgemeinbildenden Geometrieunterricht, wurden analog zu den drei winterschen Grunderfahrungen, die als Leitideen für den Mathematikunterricht allgemein angesehen werden (vgl. Winter, 2004) die drei folgenden Ziele als allgemeiner Orientierungsrahmen für den Geometrieunterricht formuliert:

Die folgenden drei allgemeinen Ziele [werden] als zentral und wichtig für den Geometrieunterricht angesehen:
- mit Hilfe der Geometrie die (Um-)Welt zu erschließen;
- Geometrie und die Grundlagen des wissenschaftlichen Denkens und Arbeitens kennen zu lernen;
- mit Geometrie Problemlösen zu lernen. (Weigand, 2009, S. 17)

Der theoretisch-formale Aspekt tritt jetzt nur als einer neben zwei anderen auf. Zwar ist er als zweites der drei gleichberechtigten Ziele nach wie vor ein wichtiger Bestandteil des Geometriemetrieunterrichts und mit ihm sind auch nach wie vor seine eher „traditionelleren" Lernziele wie das Entdecken, Beweisen und Problemlösen verbunden. Gerade aber der dynamische Aspekt der DGS-Systeme erlaubt es, den Geometrieunterricht auch zu einer „Beweglichkeitsgeometrie" zu öffnen, die kinematische Aspekte einbezieht und sich eventuell besser für realitätsnahe Anwendungen anbietet als die statische euklidische Geometrie. So wie DGS-Systeme beide Wege eröffnen können – also den Weg zu einer „empirischeren", anwendungsorientierteren Geometrie wie auch den zu einer stärker an Euklid orientierten –, so findet man auch in Aufgabensammlungen und Vorschlägen zu Unterrichtsgestaltung Beispiele für die eine wie auch für die andere Richtung (vgl. z. B. Hole, 1998, Barzel, Hußmann und Leuders, 2005, oder Koepsell und Tönnies, 2007).

3 Leitlinien für den Computereinsatz im Geometrieunterricht[5]

3.1 Einsatz von DGS-Systemen

Wie der vorangegangene Abschnitt dargelegt hat, können DGS-Programme in unterschiedlicher Weise im Geometrieunterricht genutzt werden: entweder um eine stärkere Anlehnung an Euklid zu erreichen oder um gerade von Euklid loszukommen und eine „empirischere" Geometrie zu betreiben oder auch um funktionale Aspekte in den Geometrieunterricht einfließen zu lassen. Die Aufgaben, die in diesem Aufsatz vorgestellt werden, greifen aus all diesen Möglichkeiten verschiedene Wege auf und knüpfen damit an die gegenwärtige Entwicklung der Geometriedidaktik an, Geometrie unter verschiedenen Facetten im Unterricht auftreten zu lassen. Von den Möglichkeiten der DGS-Systeme werden insbesondere die folgenden Eigenschaften aufgegriffen:

- *Festlegung auf Konstruktionsschritte der euklidischen Geometrie.* Die Konstruktionsbausteine der DGS-Systeme erlauben nur „exakte" Konstruktionsschritte der euklidischen Geometrie: Wenn man z. B. bei einem DGS auf das Icon „Mittelsenkrechte" klickt, dann wird exakt eine Mittelsenkrechte im Sinne einer euklidischen Konstruktion eingezeichnet. Ein „Hinschummeln" von Hand gibt es nicht; die Mittelsenkrechte ist exakt senkrecht, und wenn man die Gerade verschiebt, auf der sie senkrecht steht, dann steht sie nach dem Verschieben immer noch senkrecht auf ihr. *Alle geometrischen Relationen bleiben unter einer dynamischen Veränderung erhalten.* Das ist die eine Seite der *Dynamik* an einer dynamischen Geometriesoftware.
- *Schieberegler und Ortskurven.* Dies ist die andere Seite der *Dynamik*. Mit Schiebereglern kann man die Werte von Variablen dynamisch verändern. So kann man Winkel oder Längen in einer Zeichnung variieren und schauen, was bei der Variation passiert. Man kann so *Invarianten erkennen*, aber auch *Spezialfälle untersuchen* oder *funktionale Abhängigkeiten* finden (Wenn man eine Größe ändert, wie verändern sich dann die anderen Größen?). Mit Ortskurven kann man herausfinden, *auf welchen Bahnen Punkte wandern*, wenn man etwas an einer Figur verändert. Auch hier kann man *Spezialfälle* oder *allgemeine Zusammenhänge* finden. Ein wichtiges Hilfsmittel ist der *Zugmodus*: Man

---

[5]Dieses Kapitel ist die zusammengefasste und überarbeitete Fassung eines Textes, der zuerst im dritten Begleitband für Lehrpersonen der Schulbuchreihe „Mathe 21" erschienen ist, genauer in Girnat und Meier, 2018a, S. 3f. Herzlichen Dank an den Cornelsen-Verlag für die Erlaubnis, diesen Text hier in überarbeiteter Fassung abdrucken zu dürfen.

kann die Lage eines Punktes verändern und schauen, was sich dann an der restlichen Figur verändert.

- Daneben bietet eine dynamische Geometriesoftware Möglichkeiten, die primär nichts mit der Geometrie zu tun haben, sondern allgemeine Eigenschaften von Computerprogrammen sind: Man kann Ergebnisse abspeichern und wieder laden; man kann hinein- und hinauszoomen; man kann einzelne Schritte rückgängig machen oder wiederholen. Dadurch ist es für Schülerinnen und Schüler einfacher, *etwas selbst auszuprobieren*: Wenn man etwas falsch gemacht hat, braucht man nicht die ganze Zeichnung von Anfang an neu zu erstellen, sondern kann die falschen Schritte rückgängig machen; oder wenn man schon eine ähnliche Zeichnung erstellt hat, kann man diese Datei öffnen und für eine neue Aufgabe verwenden. DGS-Systeme unterstützen letzteres oftmals damit, dass man einmal getätigte Abfolgen von Konstruktionsschritten als sogenannte *Makros* abspeichern und bei einer neuen Konstruktion auf Knopfdruck wiederholen kann.

Für den Geometrieunterricht ergeben sich aus diesen Eigenschaften der DGS-Systeme neue Möglichkeiten:

- Man kann leichter *viele mögliche Fälle* betrachten, wenn man die Dynamik benutzt. Auf dem Papier müsste man für jeden einzelnen Fall eine neue Zeichnung erstellen.
- Man kann nicht nur viele mögliche Fälle einzeln betrachten, sondern man kann verfolgen, wie der eine Fall *dynamisch und kontinuierlich* in einen anderen Fall *übergeht*. Man kann dann untersuchen, was dabei gleich bleibt, was sich verändert und wie es sich verändert, wenn man von einem Fall zum anderen geht.
- Man kann *Vermutungen einfacher und schneller überprüfen*, indem man an einer Zeichnung dynamisch etwas verändert und schaut, ob dann die Vermutung immer noch stimmt, ob man also tatsächlich etwas Allgemeingültiges herausgefunden hat oder ob die Vermutung nur für den eben gezeichneten Spezialfall gilt.
- So wie man manchmal Allgemeines herausfinden möchte, so sucht man umgekehrt manchmal auch *Spezialfälle* oder *Gegenbeispiele*. Man fragt sich, ob der Satz des Thales in jedem beliebigen Dreieck gilt. Wenn man den rechten Winkel dynamisch verändert, wird man schnell feststellen, dass es nicht so ist. Oder man möchte wissen, wie die besonderen Punkte im Dreieck (Schwerpunkt, Höhenschnittpunkt und In- und Umkreismittelpunkt) zueinander liegen, wenn man eine besondere Sorte Dreiecke vor sich hat, z. B. gleichschenklige, gleichseitige oder rechtwinklige. In diesen Fällen überführt man

ein „allgemeines" Dreieck dynamisch in den Spezialfall und sieht, wie sich die Lage der Punkte verändert.

Die Aufgaben in diesem Aufsatz sind so gedacht, dass sie von Schülerinnen oder Schülern selbst bearbeitet werden können und bearbeitet werden sollen. Passende DGS-Systeme gibt es dafür nicht nur auf dem PC, sondern mittlerweile auch als Tablet- oder Smartphone-App. Trotzdem wird es nicht immer und an jeder Schule möglich sein, dynamische Geometriesoftware stets in den Händen der Schülerinnen und Schüler zu haben. Deshalb werden hier vor allem solche Computeraufgaben vorgestellt, welche die Lehrperson auch allein zu Demonstrationszwecken – zum Beispiel am Beamer – vorführen kann.

3.2 Einsatz von Tabellenkalkulationen

Dynamische Geometriesysteme sind nicht die einzigen Computerprogramme, die sich gewinnbringend im Mathematikunterricht einsetzen lassen. *Tabellenkalkulationen* sind eine weitere interessante Ergänzung. Ihre weiträumigsten Einsatzgebiete finden solche Programme eher in der Statistik, der Analysis und der Arithmetik, aber auch in der Geometrie lassen sie sich vereinzelt einsetzen – vor allem, wenn es darum geht, Messdaten (oder simulierte Daten) zu verwenden, um Werte zu berechnen, sich experimentell geometrischen Konstanten (wie etwa der Kreiszahl π) zu nähern oder Flächen und Volumina zu berechnen. Gerade hierin liegt eine besondere Stärke der Tabellenkalkulationen: Jeder Flächen- oder Volumenformel liegt ein *funktionaler Zusammenhang* zugrunde. Diese Zusammenhänge lassen sich mit Tabellenkalkulation näher erkunden:

- Wie verändert sich das Volumen eines Würfels, wenn man seine Kanten verdoppelt?
- Um wie viel kleiner wird die Oberfläche einer Kugel, wenn man ihren Radius halbiert?
- Mit welchem Faktor verändert sich die Länge der Raumdiagonalen eines Würfels, wenn man alle Kanten des Würfels mit einen bestimmten Faktor streckt?

Diese Fragen lassen sich mit Tabellenkalkulationen gewinnbringend untersuchen. Ein Mehrwert entsteht dadurch mindestens in zweierlei Hinsicht:

- Die Schülerinnen und Schüler müssen Berechnungsformeln in die Tabellenkalkulation eingeben. Dazu müssen sie sich der funktionalen Zusammenhänge explizit bewusst werden und müssen ggf. Flächen- und Volumenformeln geeignet umstellen.

– Die experimentellen Ergebnisse aus einer Tabellenkalkulation können die Vorstufe zu einer argumentativen oder beweisenden Anschlussaufgabe sein: Wenn man experimentell festgestellt hat, dass sich das Volumen einer Kugel verachtfacht, wenn man ihren Radius verdoppelt, so liegt die Frage auf der Hand, wie man an der zugehörigen Volumenformel nachvollziehen kann, dass sich Volumen tatsächlich verachtfacht.

4 Aufgaben zum Einsatz im Geometrieunterricht[6]

4.1 Zusammenhänge entdecken, Invarianten erkennen, Spezialfälle untersuchen

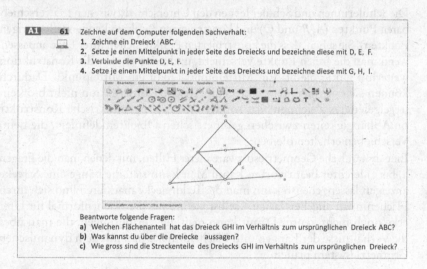

A1 61 Zeichne auf dem Computer folgenden Sachverhalt:
1. Zeichne ein Dreieck ABC.
2. Setze je einen Mittelpunkt in jeder Seite des Dreiecks und bezeichne diese mit D, E, F.
3. Verbinde die Punkte D, E, F.
4. Setze je einen Mittelpunkt in jeder Seite des Dreiecks und bezeichne diese mit G, H, I.

Beantworte folgende Fragen:
a) Welchen Flächenanteil hat das Dreieck GHI im Verhältnis zum ursprünglichen Dreieck ABC?
b) Was kannst du über die Dreiecke aussagen?
c) Wie gross sind die Streckenteile des Dreiecks GHI im Verhältnis zum ursprünglichen Dreieck?

Abbildung 2: Zusammenhänge zwischen Flächeninhalten entdecken (Girnat und Meier, 2016c, S. 19, ©Cornelsen/zweiband)

Die Aufgabe in der Abbildung 2 hat die folgenden Ziele: Die Schülerinnen und Schüler setzen mit den ersten vier Schritten eine Konstruktionsbeschreibung um

[6]Dieses Kapitel ist die zusammengefasste und überarbeitete Version eines Textes, der zuerst in den Begleitbänden für Lehrpersonen der Schulbuchreihe „Mathe 21" erschienen ist, genauer in den drei Bänden Girnat und Meier, 2016a, S. 3 bis 9, Girnat und Meier, 2017a, S. 3 bis 9, und Girnat und Meier, 2018a, S. 3 bis 8. Herzlichen Dank an den Cornelsen-Verlag für die Erlaubnis, diese Texte hier in zusammengefasster, aber auch erweiterter und überarbeiteter Version abdrucken zu dürfen. Die Schulbuchreihe „Mathe 21" ist für die Schweiz konzipiert. Daher erklärt sich auch die schweizerische Rechtschreibung in den abgebildeten Aufgaben.

und lernen anhand dieser zentralen Darstellungsform des Geometrieunterrichts den Standard der euklidischen Geometrie kennen, dass eine Konstruktionsbeschreibung alle Informationen enthalten muss, um eine Figur oder eine Klasse äquivalenter Figuren (wie hier) konstruieren zu können, die in allen relevanten Eigenschaften übereinstimmen. Die Aufgaben a) bis c) lassen sich zwar auch auf dem Papier bearbeiten; am Computer gibt es jedoch zahlreich Vorteile:

- Durch die Dynamik lassen sich die Ausgangspunkte A, B und C verschieben. So kann man prüfen, ob die Verhältnisse (bezüglich der Längen und Flächen) nur im abgebildeten Spezialfall so sind, wie man sie vermutet, oder ob sie in jedem beliebigen Dreieck gleich sind. Damit erfährt man exemplarisch, was – wie schon angesprochen – eine „Klasse äquivalenter Figuren, die in allen relevanten Eigenschaften übereinstimmen" ist.

- Die Schülerinnen und Schüler lernen den Unterschied zwischen frei verschiebbaren Punkten (A, B und C) und konstruierten Punkten kennen (alle übrigen Punkten). Sie sehen, dass die konstruierten Punkte sich in ihrer Lage anpassen, wenn man die freien Punkte verschiebt, und zwar so, dass die Konstruktion weiterhin gültig bleibt: Ein Mittelpunkt bleibt ein Mittelpunkt. Dadurch können sie erkennen, dass eine geometrische Konstruktion nicht bloß ein „regelgeleitetes Zeichnen" ist, sondern dass eine geometrische Konstruktion Abhängigkeiten zwischen geometrischen Objekten definiert, die beim Verschieben erhalten bleiben.

- Eine dynamische Geometriesoftware bietet Hilfen, mit denen man die Fragen a) bis c) leichter beantworten kann: Man kann sich die Länge eine Strecke anzeigen lassen; ebenso kann man die Teildreiecke markieren und sich ihren Flächeninhalt angeben lassen – selbst wenn man die Flächenformel für Dreiecke noch nicht kennt. Damit kann man die Vermutungen, die man über die Verhältnisse der Längen und Flächeninhalte hat, mit dem dynamischen Geometriesystem prüfen.

Die Aufgabe in der Abbildung 3 macht deutlich, dass man mit einem DGS im Prinzip nie einen Einzelfall, sondern immer einer ganze Klasse gleich konstruierter Objekte erstellt. Die Dynamik lädt dazu ein, Spezialfälle zu finden und Zusammenhänge zu erkunden.

Mit wenigen Mausklicks lassen sich beispielsweise drei verschiedene Fälle erstellen (siehe Abbildung 4).

Hier sieht man, dass der Höhenschnittpunkt manchmal im Dreieck, manchmal außerhalb des Dreiecks liegt und manchmal mit einem Eckpunkt zusammenfällt (wäre auch die Lage auf einer der Dreiecksseiten möglich?). Die Darstellungen des dynamischen Geometriesystems drängen quasi den Zusammenhang auf, der dahinter liegt: Es kommt darauf an, ob das Dreieck spitzwinklig, stumpfwinklig

22 Zeichne mit einer Geometriesoftware ein allgemeines Dreieck. Konstruiere mit Hilfe des Werk
zeugs (z. B. mit Klick auf das Symbol ⬚) alle drei möglichen Höhen und beschrifte den Schnitt
punkt mit H. Verschiebe nun einen oder mehrere Eckpunkte des Dreiecks.
Was fällt dir bezüglich Höhenschnittpunkt auf? Wie bewegt er sich im Feld des Dreiecks.

Abbildung 3: Zusammenhänge am Höhenschnittpunkt entdecken (Girnat und Meier, 2016c, S. 58, ©Cornelsen/zweiband)

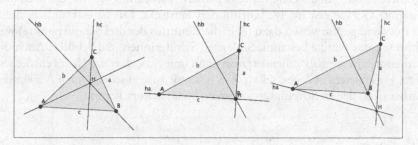

Abbildung 4: Lösung: Zusammenhänge am Höhenschnittpunkt (Girnat und Meier, 2016b, S. 96, ©Cornelsen/zweiband)

oder rechtwinklig ist. Außerdem wird hier einer weitverbreiteten Fehlvorstellung entgegengewirkt: Man sieht, dass Höhen nicht immer innerhalb eines Dreiecks verlaufen müssen.

Diese Aufgabe lässt sich einfach erweitern: Man kann z. B. untersuchen, ob es auch besondere Lagen des Höhenschnittpunktes immerhalb des Dreiecks gibt – etwa symmetrisch wie auf einer Mittelsenkrechten oder „im Zentrum" des Dreiecks, also von allen drei Eckpunkten gleich weit entfernt. Wenn man dann auch noch Mittelsenkrechten, Winkelhalbierende oder Schwerelinien einzeichnet, dann kann man Zusammenhänge zwischen dem Höhenschnittpunkt und deren Schnittpunkten untersuchen. Dies wird z. B. durch die Aufgabe in der Abbildung 5 angeregt.

 39 **Das ist eine Experten -Aufgabe:** Leonhard Euler hat herausgefunden, dass der Höhenschnitt
punkt, der Schwerpunkt und der Mittelpunkt des Umkreisradius auf einer Geraden   – der
eulerschen Geraden –liegen. Versuche diese Punkte und die eulersche Gerade zu bestimmen.

Abbildung 5: Die Eulergerade nachkonstruieren und untersuchen (Girnat und Meier, 2016c, S. 62, ©Cornelsen/zweiband)

Die Aufgabe zur Eulergeraden ist bewusst als Expertenaufgabe angelegt. Mit ihr kann man besonders interessierte und leistungsfähige Schülerinnen und Schüler ansprechen und so selbstdifferenzierende Lerngelegenheiten schaffen. Außerdem zeigt sich hier nicht nur die Dynamik als ein Vorteil eines DGS-Systems, sondern auch seine hohe Zeichenpräzision: Wenn man die drei Schnittpunkte mit jeweils den drei zugehörigen Linien von Hand zeichnet, dann wird die Zeichnung meist so ungenau, dass die drei Punkte scheinbar nicht auf einer Geraden liegen (falls man überhaupt noch erkennt, welcher Punkt wo liegt). Nebenbei lädt dieser Satz zu einem Ausflug in die Geschichte der Mathematik ein: Euler hat die nach ihm benannte Gerade erst im 18. Jahrhundert entdeckt. Das ist erstaunlich, denn das notwendige Vorwissen dazu (d. h. die Kenntnis der drei Schnittpunkte) war schon seit der Antike bekannt. So lernen Schülerinnen und Schüler: Auch die Mathematik ist niemals vollendet; man kann immer noch etwas Neues entdecken, selbst in Gebieten, in denen schon alles bekannt zu sein scheint – ein Aspekt der Mathematik, der im Schulunterricht manchmal zu kurz kommt.

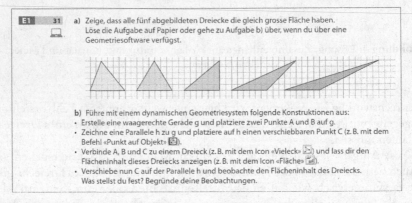

Abbildung 6: Flächeninhalt von Dreiecken erkunden (Girnat und Meier, 2017b, S. 12, ©Cornelsen/zweiband)

Die Aufgabe in Abb. 6 verwendet eine Unterscheidung, die es beim Zeichnen auf Papier nicht gibt: Ein dynamisches Geometriesystem kennt freie und an Objekten gebundene Punkte. Der Punkt C ist an die Parallele h gebunden und lässt sich nur auf dieser Geraden bewegen. Dadurch ist gewährleistet, dass C von der Geraden g stets denselben Abstand hat. Wenn die Schülerinnen und Schüler den Punkt C bewegen, können sie feststellen, dass der angezeigte Flächeninhalt des Dreiecks unverändert bleibt: Sie haben eine Invariante entdeckt: Alle Dreiecke, die nach der Vorgabe konstruiert sind, haben denselben Flächeninhalt. Die Schülerinnen und Schüler werden aufgefordert, Begründungen für diese Beobachtung aufzustellen. Sie sollen dadurch angeregt werden, Zusammenhänge zu erkennen und zu formulieren: Woran liegt es, dass etwas gleich bleibt? Liegt es vielleicht daran, dass etwas anderes auch gleich bleibt? Vielleicht erkennen sie, dass dieses „andere" der Abstand von *C* zur Geraden *g* ist und daher für die Flächenberechnung am Dreieck die Höhe über der Grundseite, nicht unbedingt die Längen der beiden anderen Seiten relevant sind.

4.2 Abbildungen erkunden

Abbildungen sind relativ abstrakte Objekte der Geometrie: Sie sind nicht direkt zugänglich. Ihre Eigenschaften erkennt man erst, wenn man ihre „Wirkungsweise" auf Figuren untersucht. Abbildungen lassen sich jedoch mit dynamischer Geometriesoftware „fassbarer" machen, da man mit ihnen Eigenschaften von Abbildungen verändern und dabei beobachten kann, wie sich diese Veränderungen auf die abgebildeten Figuren auswirken.

a) Drehe das Dreieck
  • ABC mit 90°, ⊖ um das Zentrum Z_1.
  • DEF mit 180°, ⊕ um das Zentrum Z_2.
  • GHI mit 270° im Gegenuhrzeigersinn um Z_3.
  Beschrifte die Bilddreiecke.
b) Drehe ein beliebiges Viereck ABCD mit 270° um den Zentrumspunkt Z_1 mit Hilfe einer Geometriesoftware.

a) Welche Beziehungen gelten zwischen der Original- und der Bildfigur?
  Beachte Form, Umlaufsinn und Lage.
b) Gibt es bei der Drehung Fixpunkte?

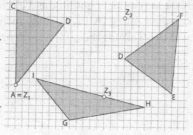

Abbildung 7: Drehungen erkunden (Girnat und Meier, 2016c, S. 145, ©Cornelsen/ zweiband)

In den beiden Aufgaben in Abb. 7 werden die Schülerinnen und Schüler zunächst zur Konstruktion aufgefordert. In der folgenden Aufgabe sollen sie dann Eigenschaften der Figur und der Bildfigur untersuchen und so zu Eigenschaften der Drehung kommen. Wenn man den Drehwinkel mit einem Schieberegler variiert, kann man zusätzlich prüfen, ob die gefundenen Eigenschaften nur in Spezialfällen gelten oder allgemein für Drehungen.

Die traditionelle euklidische Geometrie ist koordinatenfrei. Weil aber dynamische Geometriesysteme immer stärker mit der Funktionalität von Computeralgebrasystemen und Funktionsplottern verschmelzen, bietet es sich geradezu an, stärker als im bisherigen Geometrie mit Koordinaten zu arbeiten.

In der Aufgaben aus Abb. 8 haben Koordinaten zunächst den Mehrwert, dass die Schülerinnen und Schüler alle dieselbe Grafik vor sich haben, und zwar eine, die sich für die weiteren Arbeitsschritte eignet und nicht etwa dadurch Nachteile hätte,

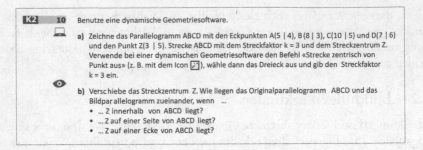

Abbildung 8: Streckungen erkunden (Girnat und Meier, 2018b, S. 139, ©Cornelsen/ zweiband)

dass die Schülerinnen und Schüler zufälligerweise Parallelogramme ausgewählt hätten, die sich weniger gut für die Weiterarbeit eigneten. Aus Sicht der Lehrperson lässt sich die Lösung (Abb. 9) daher auch besser überprüfen, ohne die explorative Arbeit in der Teilaufgabe „b)" einzuschränken.

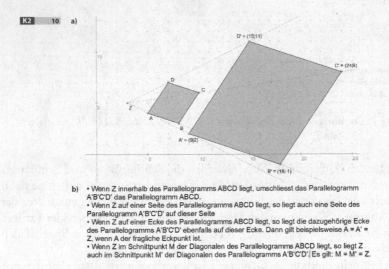

Abbildung 9: Lösung zu K2 10: Streckungen erkunden (Girnat und Meier, 2016b, S. 31, ©Cornelsen/zweiband)

In der Aufgaben in Abb. 10 werden die Koordinaten weiterführend genutzt, indem das Streckzentrum Z_3 für die Verkettung der beiden Streckungen zur

Kontrolle angegeben werden kann und von dort aus eine Weiterarbeit mit den explorativen Aufgabenteilen „c)" und „d)" erleichtert werden kann.

> **K2 11**
>
> Führe diese Aufgabe von Hand oder (besser) mit einer dynamischen Geometriesoftware aus.
>
> a) Zeichne das Dreieck ABC mit den Eckpunkten A (5 | 4), B (6 | 6) und C (4 | 7) und den Punkt Z_1 (1 | 2). Strecke ABC mit dem Streckfaktor k = 2 und dem Streckzentrum Z. Verwende bei einer dynamischen Geometriesoftware den Befehl «Strecke zentrisch von Punkt aus» (z. B. mit dem Icon [⧉]), wähle dann das Dreieck aus und gib den Streckfaktor k = 2 ein. Welche Koordinaten hat das Bilddreieck A'B'C'?
>
> b) Zeichne den Punkt Z_2 (1 | 11) ein und strecke das Dreieck A'B'C' mit dem Streckzentrum Z' und wiederum mit dem Streckfaktor k = 2. Welche Koordinaten hat das Bilddreieck A"B"C"?
>
> c) Lege jeweils eine Gerade durch die Punkte A und A", durch B und B" und durch C und C". Die drei Geraden schneiden sich in einem Punkt Z_3. Welche Koordinaten hat Z_3? Offensichtlich lassen sich die beiden Streckungen, die du ausgeführt hast, durch eine einzige Streckung ersetzen. Welches Streckzentrum und welchen Streckfaktor hat diese Streckung?
>
> d) Lassen sich zwei Streckungen immer durch eine einzige Streckung ersetzen? Variiere dazu die Aufgabe: Verschiebe die beiden Streckzentren Z_1 und Z_2, schneiden sich dann immer noch die drei Geraden in einem Punkt Z_3? Verändere auch die Streckfaktoren, lässt sich auch dann eine dritte Streckung finden, die die beiden ersten ersetzt? Wie verhalten sich negative Streckfaktoren?

Abbildung 10: Verkettungen von Streckungen erkunden (Girnat und Meier, 2018b, S. 140, ©Cornelsen/zweiband)

Neben der Einbeziehung von Koordinaten wird an den Aufgaben in Abb. 10 deutlich, wie die Dynamik zum Verständnis von Abbildungen beitragen kann: Die Teilaufgabe „d" lädt dazu ein, Invarianten zu untersuchen und allgemeine Sätze über die Verkettung von Abbildungen aufzustellen (siehe Abb. 11), die aus einzelnen Beispielen, die auf Papier gezeichnet werden, heuristisch nur schwer erschlossen werden können.

> **K2 11**
>
> a) A' = (9|6)   B' = (11|10)   C' = (7|12)
>
> b) A" = (17|1)   B" = (21|9)   C" = (13|13)
>
> c) Z_3 = (1|5)
>   Das Streckzentrum ist Z_3 und der Streckfaktor 4.
>
> d) Zwei Streckungen lassen sich immer durch eine einzige Streckung ersetzen. Wenn einzelne Streckfaktoren variiert werden, ändert sich auch der Streckfaktor der einzelnen Streckung. Der Streckfaktor dieser einzelnen Streckung ist immer das Produkt der einzelnen Streckfaktoren. Bei negativen Streckfaktoren wird das Bild auf der gegenüberliegenden Seite des Streckzentrums gestreckt.

Abbildung 11: Lösung zu K2 11: Verkettungen von Streckungen erkunden (Girnat und Meier, 2016b, S. 31, ©Cornelsen/zweiband)

Nicht allein die technische Machbarkeit soll eine Motivation für den Einsatz von Koordinaten sein, sondern auch die Möglichkeit, einen Bezug zu Funktionsgraphen herzustellen: Geraden, Parabeln und Hyperbeln treten im Algebraunterricht der Sekundarstufe I als Graphen von Funktionen auf – und zwar stets in einem Koordinatensystem. Wenn man im Geometrieunterricht nicht konsequent auf

Koordinaten verzichtet – wie es oftmals der Fall ist –, sondern sie an einigen Stellen bewusst einsetzt, dürfte es leichter sein, Querverbindungen zwischen der Algebra und der Geometrie herzustellen und insbesondere auch deutlich zu machen, dass Funktionsgraphen geometrische Objekte sind und geometrische Eigenschaften haben, die man mit Mitteln der Geometrie untersuchen kann – so wie man umgekehrt manche geometrische Objekte als Funktionsgraphen betrachten und analysieren kann. Gerade dieses Wechselspiel zwischen Geometrie und algebraischer Darstellung kann die Grundidee René Descartes nahebringen: die Verbindung von Algebra und Geometrie in der Koordinatengeometrie bzw. in ihrer Weiterentwicklung, der analytischen Geometrie (vgl. Wittmann, 2000).

4.3 Probleme lösen

Probleme in der Geometrie sind oftmals keine allgemeinen Sätze, sondern Fragen, die sich aus einer bestimmten individuellen Konfiguration ergeben (vgl. Schoenfeld, 1985; Dörner, 1987; Heinrich, 2004). So auch in der Abbildung 12: Die Ausgangslage ist ein Quadrat mit einer festgelegten Größe. Innerhalb dieses Quadrates soll ein möglichst großes Dreieck platziert werden, das eine Nebenbedingung erfüllt: Einer der Dreieckspunkte ist mit einem Eckpunkt des Quadrates identisch. Problemaufgaben sollen Schülerinnen und Schüler dazu anregen, individuelle Lösungswege zu finden und ihr bisheriges geometrisches Wissen dazu flexibel und kreativ einzusetzen. Eine dynamische Geometriesoftware kann dabei helfen, experimentell einen Lösungsweg zu finden. In diesem Fall kann man sich den Flächeninhalt des Dreiecks anzeigen lassen und die Punkte E und F auf den Quadratseiten verschieben. Durch Ausprobieren kommt man schnell zu einer Lösung. Vielleicht hat das Verschieben den Schülerinnen und Schülern auch dabei geholfen, eine Idee zur Begründung ihrer Beobachtung zu finden.

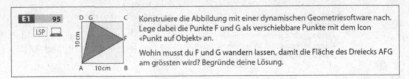

Abbildung 12: Ein Optimierungsproblem (Girnat und Meier, 2016c, S. 24, ©Cornelsen/ zweiband)

4.4 Sätze erarbeiten

Sätze sind in der Mathematik nicht immer leicht zu finden. Ein dynamisches Geometriesystem kann dabei helfen, Regelmäßigkeiten zu entdecken und sie in Sätzen zu formulieren.

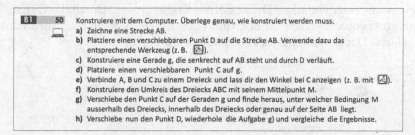

B1 50 Konstruiere mit dem Computer. Überlege genau, wie konstruiert werden muss.
a) Zeichne eine Strecke AB.
b) Platziere einen verschiebbaren Punkt D auf die Strecke AB. Verwende dazu das entsprechende Werkzeug (z. B. 🔲).
c) Konstruiere eine Gerade g, die senkrecht auf AB steht und durch D verläuft.
d) Platziere einen verschiebbaren Punkt C auf g.
e) Verbinde A, B und C zu einem Dreieck und lass dir den Winkel bei C anzeigen (z. B. mit 🔲).
f) Konstruiere den Umkreis des Dreiecks ABC mit seinem Mittelpunkt M.
g) Verschiebe den Punkt C auf der Geraden g und finde heraus, unter welcher Bedingung M ausserhalb des Dreiecks, innerhalb des Dreiecks oder genau auf der Seite AB liegt.
h) Verschiebe nun den Punkt D, wiederhole die Aufgabe g) und vergleiche die Ergebnisse.

Abbildung 13: Zugang zum Satz des Thales (Girnat und Meier, 2016c, S. 63, ©Cornelsen/zweiband)

Die Aufgabe in der Abbildung 13 bietet einen Zugang zum Satz des Thales: Folgt man der Konstruktion, so erkennt man, dass bei C genau dann ein rechter Winkel anliegt, wenn der Umkreismittelpunkt des Dreiecks auf der Seite $c = \overline{AB}$ liegt, bzw. genauer: M liegt außerhalb des Dreiecks, wenn dieses stumpfwinklig ist, und liegt innerhalb des Dreiecks, wenn dieses spitzwinklig ist. Ist das Dreieck rechtwinklig, liegt M genau auf der Seite c.

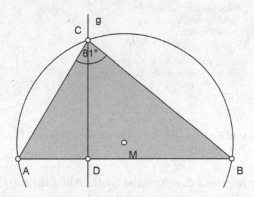

Abbildung 14: Eine mögliche Konfiguration zu Aufgabe B1 50

In der Abbildung 14 wird angedeutet, wie man auf diesen Lösungsweg kommen kann: Liegt der Mittelpunkt im Dreiecksinneren, so zeigt das DGS einen Winkel kleiner als 90° an. Verschiebt man C, so kann man leicht auf die Fallunterscheidungen $\gamma < 90°$, $\gamma = 90°$ und $\gamma > 90°$ kommen und sie mit der Lage von M in Verbindung bringen.

Eine Verallgemeinerung des Satzes des Thales ist der Peripherie- und Zentriwinkelsatz: Die Aufgabe in Abb. 15 bietet eine Hinführung zu diesen Satz. Sie beginnt mit einer einfachen Dreieck-Kreis-Konstruktion. Durch die Dynamik kann man beobachten, dass die Eckwinkel gleich bleiben, wenn man einen Punkt verschiebt. Das ist der Inhalt des Peripheriewinkelsatzes.

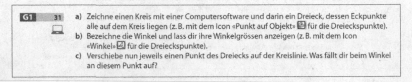

Abbildung 15: Zugang zum Satz des Peripheriewinkelsatz (Girnat und Meier, 2017b, S. 85, ©Cornelsen/zweiband)

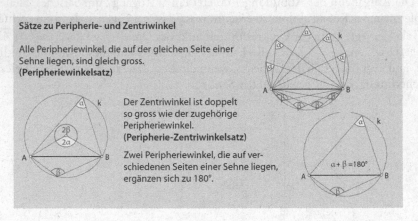

Abbildung 16: Peripherie- und Zentriwinkelsatz (Girnat und Meier, 2016c, S. 85, ©Cornelsen/zweiband)

Der theoretische Hintergrund der Aufgabe (siehe Abb. 16) zeigt, wie man sie erweitern kann: Der Zusammenhang zwischen dem Zentri- und dem Peripheriewinkel ist in der Aufgaben in Abb. 15 noch nicht thematisiert. Es bietet sich an, den Kreismittelpunkt und die Strecke zwischen zwei Dreieckspunkten zu einem weiteren Dreieck zu ergänzen und den neuen entstandenen Winkel am Mittelpunkt des Kreises, den Zentriwinkel, mit dem Peripheriewinkel zu vergleichen.

4.5 Ortslinien

Ortslinien zeichnen den Weg auf, den ein Punkt zurücklegt, wenn eine Konstruktion dynamisch verändert wird. In manchen Fällen sind Ortslinien nicht willkürlich, sondern haben einen bestimmten geometrischen Verlauf. In diesen Fällen kann man nach einer Erklärung suchen, warum eine Ortslinie so und nicht anders aussieht.

Mit den Aufgaben in den Abbildungen 3 und 5 wurde bereits ein zentrales Thema der Mittelstufengeometrie angesprochen: die besonderen Linien im Dreieck, v. a. Mittelsenkrechten, Winkelhalbierende und Schwerelinien. Man kann die besonderen Linien im Dreieck auch auf andere Weise mit dynamischen Verfahren untersuchen, nämlich mit solchen, die auf Ortslinien beruhen. Ein etwas seltener behandelter Fall dürfte eine Ortslinie sein, die vom Schwerpunkt eines Dreiecks gebildet wird (siehe Abb. 17).

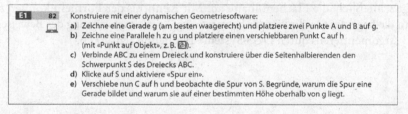

Abbildung 17: Ortslinie zum Schwerpunkt eines Dreiecks (Girnat und Meier, 2017b, S. 22, ©Cornelsen/zweiband)

In der Lösung zur Aufgabe (Abb. 18) sind die Eckpunkte A und B auf einer Geraden f eingezeichnet. Die Gerade g ist eine Parallele zu f und C wird als „Punkt auf Objekt" auf g fixiert, d. h. er ist nicht mehr völlig frei, sondern nur noch auf g verschiebbar. Anschließend wird mit zwei Seitenhalbierenden der Schwerpunkt S des Dreiecks konstruiert.

Wenn man sich von S nun die Spur anzeigen lässt (Icon „Ortslinie oder Hüllkurve") und C auf g verschiebt, so kann man die Veränderung von S verfolgen. Wie man sieht, bewegt sich C auf einer Parallelen zu g und f. Mithilfe des Koordinatengitters kann man die Lage genauer beschreiben: Die Ortslinie von S liegt bei einem Drittel der Höhe des Dreiecks. Wenn man sich die physikalische Bedeutung des Schwerpunktes in Erinnerung ruft, dann wird schnell klar, dass S nur auf einer Geraden liegen kann. Wenn man sich die Flächenmasse des Trapezes

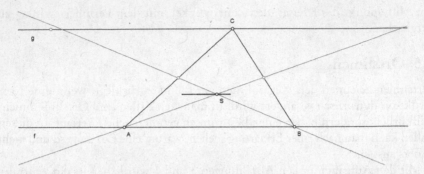

Abbildung 18: Lösung: Ortslinie zum Schwerpunkt eines Dreiecks

unterhalb der Ortslinie und des Teildreiecks oberhalb der Ortslinie anzeigen lässt, dann sieht man sofort, warum die Ortslinie gerade auf einem Drittel der Höhe verlaufen muss. Das können die Schülerinnen und Schüler sogar herausfinden, wenn sie die Flächenformel dieser Figuren noch nicht kennen – das DGS-System zeigt schließlich alle Flächeninhalte an. Mit Kenntnis der Formeln können sie dann die Lage der Ortslinie sogar beweisen (vgl. zur Unterstützung des Beweisens und Argumentierens durch DGS-Systeme Elschenbroich, 2005).

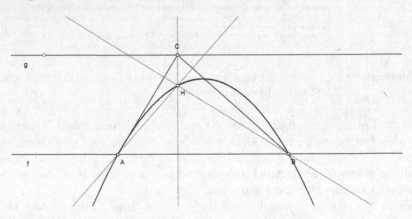

Abbildung 19: Ortslinie zum Höhenschnittpunkt eines Dreiecks

Eine ähnliche und wohl bekanntere Aufgabe (vgl. Elschenbroich, 2002) lässt sich auch für die Höhen und den Höhenschnittpunkt erstellen (Abb. 19). Hier hat die Ortslinie des Höhenschnittpunktes eine andere Form. Für Schülerinnen und

Schüler wäre das vielleicht die erste Gelegenheit, in der Geometrie einem Objekt zu begegnen, das keine gerade Linie oder ein Kreis ist.

4.6 Schieberegler: ein weiterer Aspekt der Dynamik

Bisher wurden nur Aufgaben gestellt, bei denen sich die Dynamik der dynamischen Geometriesysteme durch das Verschieben von Punkten ergibt. Das ist nicht die einzige Möglichkeit. Ein andere Aspekt der Dynamik sind *Schieberegler*. Mit ihnen lassen sich Variablen einführen, die über den Schieber quasi-kontinuierlich mit verschiedenen Werten belegt werden können.

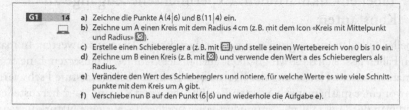

Abbildung 20: Schieberegler für Schnittprobleme (Girnat und Meier, 2017b, S. 81, ©Cornelsen/zweiband)

Die Aufgabe in Abb. 20 nutzt Schieberegler, um Schnittprobleme zwischen Kreisen zu thematisieren. Es werden nicht nur Spezialfälle herausgearbeitet – wie es mit dynamischer Geometriesoftware oft geschieht –, zugleich wird auch die Darstellung in einem Koordinatensystem angesprochen. Das ist eine zusätzliche Stärke dynamischer Geometriesysteme, die in der Regel eine geometrische und eine algebraische Komponente haben und beides leicht in eine Beziehung setzen können – wie hier z. B. Kreise in einem Koordinatensystem benutzt werden.

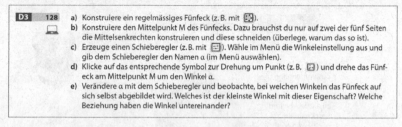

Abbildung 21: Punktsymmetrien mit Schiebereglern untersuchen (Girnat und Meier, 2016c, S. 143, ©Cornelsen/zweiband)

In der Aufgabe in Abb. 21 soll man durch den Schieberegler herausfinden, für welche Drehwinkel ein regelmäßiges Fünfeck auf sich selbst abgebildet wird. Dadurch lernt man nicht nur etwas über die Figur (nämlich etwas über die Winkel der fünf Dreiecke, in die man ein Fünfeck zerlegen kann), sondern auch etwas über Abbildungen: nämlich, dass bestimmte Drehungen Deckabbildungen eines regelmäßigen Fünfecks sind und dass ein systematischer Zusammenhang zwischen ihren Drehwinkeln besteht – ein Thema, das man bis hin zu einer Einführung in die Gruppentheorie fortsetzen könnte, um erzeugende Elemente einer zyklischen Gruppe zu untersuchen.

4.7 Tabellenkalkulationen: Experimentelle Zugänge zu Konstanten

Tabellenkalkulationen eignen sich hervorragend, um Daten auszuwerten. In manchen Fällen lässt sich diese Möglichkeit auch in der Geometrie einsetzen. Eine exakte mathematische Herleitung der Kreiszahl π ist in der Sekundarstufe I schwierig. Um vor einer mathematisch exakten Einführung einen Zugang zu π herzustellen, kann man die Kreiszahl π – zumindest vorübergehend – wie eine Naturkonstante behandeln: Man misst an verschiedenen kreisförmigen Gegenständen Umfang und Durchmesser und sucht nach einem systematischen Zusammenhang zwischen beidem. Die Auswertung der Daten durch eine Tabellenkalkulation können helfen, diesen Zusammenhang zu finden, und zugleich sensibel dafür machen, dass Messwerte keinen exakten Wert für π liefern können, sondern immer nur fehlerbehaftete Näherungen (siehe Abb. 22).

93 a) Beschafft euch unterschiedlich grosse zylinder-
       förmige Gegenstände.
    b) Messt ihren Umfang mit einem Messband oder
       mithilfe eines Fadens.
    c) Messt auch ihren Durchmesser. Die Fotos geben
       euch Ideen, wie ihr vorgehen könntet.
    d) Tragt die Messwerte in eine Tabelle ein:

Gegenstand	Umfang	Durchmesser
z. B. Dose		

e) Versucht, einen
   Zusammenhang
   zwischen Umfang
   und Durchmesser
   zu entdecken und
   beschreibt ihn so
   genau wie möglich.

Abbildung 22: Experimentelle Zugänge zur Kreiszahl (Girnat und Meier, 2017b, S. 98, ©Cornelsen/zweiband)

Tabellenkalkulationen können für derart experimentelle Zugänge zu π unterstützen (siehe Abb. 23). In diesem Zusammenhang kann man sich außerdem Gedanken darüber machen, warum die Ergebnisse in der Tabelle variieren und was das zu bedeuten hat. Dadurch liegt die Motivation nahe, π mathematisch exakt zu bestimmen.

a) Benutzt eure Messwerte aus der Aufgabe G2 93 und dividiert jeweils Umfang durch Durchmesser. Ergänzt dazu eure Tabelle aus der vorangehenden Aufgabe um die Spalte mit dem Verhältnis $\frac{\text{Umfang}}{\text{Durchmesser}}$.

Ihr könnt auch ein Tabellenkalkulationsprogramm verwenden und euch den Wert für das Verhältnis Umfang/Durchmesser mit einer Formel berechnen lassen:

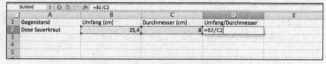

b) Welche Werte für das Verhältnis $\frac{\text{Umfang}}{\text{Durchmesser}}$ habt ihr ermittelt?

Abbildung 23: Zugänge zur Kreiszahl: Unterstützung durch eine Tabellenkalkulation (Girnat und Meier, 2017b, S. 98, ©Cornelsen/zweiband)

Ein „empirischer" Umgang mit der Geometrie muss also nicht unbedingt einem euklidisch-axiomatischen im Wege stehen, sondern kann auch die Motivation dazu sein und auch unter geschichtlichen Aspekten anklingen lassen, warum eine Axiomatisierung der Geometrie als Fortschritt gegenüber voreuklidischen „Erfahrungsgeometrien" angesehen wurde.

4.8 Funktionale Zusammenhänge mit Tabellenkalkulationen erkunden

Funktionen und funktionale Zusammenhänge sind in der Algebra der Sekundarstufe I ein zentrales Thema – in der Geometrie weniger, obwohl jeder Flächen- und Volumenformel ein funktionaler Zusammenhang zugrunde liegt. Sofern man diese Zusammenhänge überhaupt thematisiert, beschränkt man sich oft auf die Verdopplung oder Halbierung einer Kante am Würfel oder Quader und untersucht, wie sich diese Veränderung auf das Volumen oder die Oberfläche des Körpers auswirkt. Mit Tabellenkalkulationen kann man leicht kompliziertere Körper einbeziehen – beispielsweise eine Pyramide wie in Abb. 24

Funktionale Zusammenhänge in Flächen- und Volumenformeln kann man nutzen, um Schülerinnen und Schüler selbst Aufgaben erstellen zu lassen. Sie müssen dabei explizit die funktionalen Zusammenhänge reflektieren, um entsprechende Formeln in eine Tabellenkalkulation eingeben zu können, und sie müssen sich

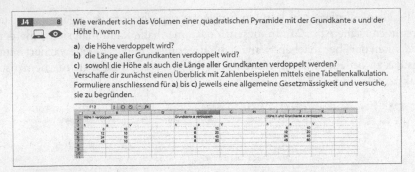

Abbildung 24: Funktionale Zusammenhänge an einer Pyramide erkunden (Girnat und Meier, 2018b, S. 80, ©Cornelsen/zweiband)

Gedanken darüber machen, welche Werte gegeben sein müssen, um zu lösbaren Aufgaben zu erhalten (siehe Abb. 25)

| J4 | 60 | Berechne zu den Kegeln a) bis j) die fehlenden Werte. Runde auf eine Nachkommastelle. |

	r	d	h	b	s	ω	G	M	O	V
a)	2 cm		5 cm							
b)		8,4 cm	6 cm							
c)			10 m	60 m						
d)	8 dm				8,5 dm					
e)				6,9 cm		310°				
f)	1 m		1 m							
g)			20 cm				28 cm²			
h)				10 mm				251,3 mm²		
i)			5 cm							47,1 cm³
j)		3 cm						142,3 cm²		

| J4 | 61 | Stellt euch gegenseitig Aufgaben wie in J460. Lasst euch die Aufgaben von einer Tabellenkalkulation erzeugen. Gebt nur die Werte von r und h ein und gebt in die anderen Zellen Formeln ein, die euch die fehlenden Werte automatisch berechnen. Streicht dann einige dieser Werte und lasst sie von anderen Gruppen von Hand berechnen. Überlegt dabei, welche Werte stehen bleiben müssen, damit die andere Gruppe die fehlenden Werte berechnen kann. |

Abbildung 25: Vom automatisierten Üben zum reflektierenden Üben am Beispiel eines Kegels (Girnat und Meier, 2018b, S. 92, ©Cornelsen/zweiband)

In der Abb. 25 wird außerdem ein Beispiel dafür gegeben, wie oftmals als langweilig und mühselige Berechnungsaufgaben für das reflektierende Üben und damit für tiefere Einblicke in mathematische Zusammenhänge genutzt werden können (vgl. Leuders, 2006). Die Aufgabe J4 60 ist nichts anderes als eine traditionelle Übungsaufgaben, in der bereits bekannte Formeln zur Oberfläche und zum Volumen eines Kegels umgestellt werden müssen. Die Aufgabe J4 61 reflektiert dieses Vorgehen, indem die umgestellten Formel explizit in eine Tabellenkalkulation eingegeben werden müssen und sich die Schülerinnen und Schüler Gedanken über die minimale Anzahl von Informationen machen müssen, damit diese Aufgaben lösbar sind.

4.9 Nicht-lineare Optimierung mit einer Tabellenkalkulation

Optimierung, insbesondere die Optimierung nicht-linearer Zusammenhänge ist in der Sekundarstufe I eigentlich nicht möglich: Den Schülerinnen und Schülern fehlt der Ableitungskalkül, um Maxima oder Minima von Zielgrößen analytisch zu bestimmen. Die Aufgabe in Abb. 26 macht den Vorschlag, ein nicht-lineares Optimierungsproblem trotzdem experimentell-numerisch zu versuchen.

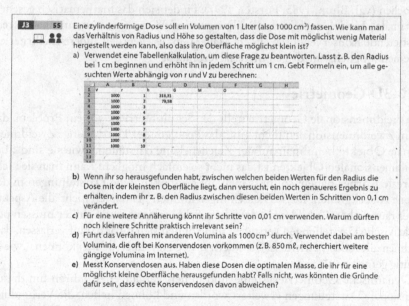

Abbildung 26: Nicht-lineare Optimierung anhand einer Konservendose (Girnat und Meier, 2018b, S. 61, ©Cornelsen/zweiband)

Der Zusammenhang zwischen Radius und Oberfläche bzw. Volumen einer Konservendose ist (bei gegebener Höhe) quadratisch. Statt den optimalen Radius durch Nullsetzen der ersten Ableitung einer geeigneten Funktion zu berechnen, wird der Wert von r schrittweise verändert und man sucht so eine numerische Näherung für einen optimalen Wert für r. Der ersten Suche in Aufgabe „a)" schließt sich eine Verfeinerung des Ergebnisses in den Aufgaben „b)" und „c)" an: Hat man den Ort des optimalen Radius zwischen zwei ganzzahligen Werten gefunden, so wählt man erst eine, dann zwei Nachkommastellen, um das Verfahren mit einer höheren Genauigkeit zu wiederholen.

Durch diesen Einsatz einer Tabellenkalkulation kann man mathematische Themen anreißen, die in der Sekundarstufe I üblicherweise nicht behandelt werden: Die numerische Optimierung arbeitet häufig damit, dass man erst eine „vorläufige" Lösung findet und diese Lösung dann (oft mit demselben Verfahren) weiter verfeinert, d. h. man berechnet eine Näherungslösung, die man als Startwert für die nächste Stufe der Optimierung benutzt – und immer so weiter. Schülerinnen und Schüler lernen daran nicht nur das Prinzip einer iterativen Annäherung, sondern auch ein tieferes Verständnis für reelle Zahlen kennen. Außerdem wird in der Aufgabe „e)" ein typisches Vorgehen der mathematischen Modellbildung angesprochen (vgl. Blum, 1985; Förster, 1997): Findet sich das mathematisch gesehen „optimale" Modell auch in der Realität wieder? Wenn nicht, warum haben real existierende Konservendosen andere Maße? Gibt es eventuell andere Zielkriterien als einen möglichst niedrigen Materialverbrauch?

4.10 3D-Geometrie

Die dreidimensionale Geometrie stellt den Schulunterricht vor ein Problem, das es im Zweidimensionalen nicht gibt: das Problem der Darstellung. Zweidimensionale Objekte kann man auf der Zeichenebene darstellen, „wie sie sind"; bei dreidimensionalen Objekten ist das nicht so einfach möglich: Kann man sie nicht als reale Körper bauen, so muss man auf perspektivische Darstellungen in der Ebene zurückgreifen. Diese Darstellungen können prinzipiell nicht alle Aspekte eines räumlichen Gebildes wiedergeben. Schülerinnen und Schüler müssen perspektivische Darstellungen verstehen und können sich nicht darauf verlassen, dass in ihnen alles so ist, „wie es ist", sondern müssen an ihnen deuten können, „wie es richtig gemeint ist".

Dynamische Geometriesysteme sind in den vergangenen Jahren um dreidimensionale Darstellungen erweitert worden und können helfen, die Verbindung zwischen dreidimensionalen Körpern und ihren zweidimensionalen Projektionen verständlicher zu machen und das dreidimensionale Vorstellungsvermögen zu schulen.

Der Schwerpunkt der Aufgaben in den Abb. 27 und 28 liegt in der Darstellung von Objekten und in ihrer Bewegung im Raum. Das ist eine typische Herangehens-

H1 **85** Wähle in einem Geometriesystem die Ansicht «3D Grafik» aus. Lass dir unter «Layout» das Koordinatengitter anzeigen. Das Koordinatensystem müsste ähnlich der Abbildung aussehen.

a) Konstruiere eine beliebige Pyramide (z. B. mit ⬛). Dabei musst du zuerst die Eckpunkte der Grundfläche einzeichnen und zuletzt den Ausgangspunkt ein zweites Mal anklicken. Dann kannst du den Höhenfusspunkt festlegen und nach oben oder unten verschieben. Lässt du los, ist die Pyramide vollständig konstruiert.

b) Konstruiere die Pyramide mit A(0|0|0), B(3|0|0), C(3|3|0), D(0|3|0) und E(1,5|1,5|4).

c) Drehe die Pyramide (z. B. mit ⬛) so, dass du sie direkt von oben und von einer der Seitenflächen aus siehst. Erstelle jeweils ein Bildschirmfoto. Welche Figuren kannst du von diesen Perspektiven aus erkennen?

d) Gehe bei einem Prisma deiner Wahl (z. B. mit ⬛) genauso vor und erstelle wieder Bildschirmfotos. Welche Figuren ergeben sich jetzt aus den verschiedenen Ansichten?

Abbildung 27: Pyramide und Prisma in Projektionen (Girnat und Meier, 2017b, S. 149, ©Cornelsen/zweiband)

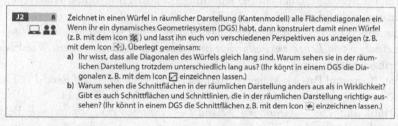

J2 **8** Zeichnet in einen Würfel in räumlicher Darstellung (Kantenmodell) alle Flächendiagonalen ein. Wenn ihr ein dynamisches Geometriesystem (DGS) habt, dann konstruiert damit einen Würfel (z. B. mit dem Icon ⬛) und lasst ihn euch von verschiedenen Perspektiven aus anzeigen (z. B. mit dem Icon ⬛). Überlegt gemeinsam:

a) Ihr wisst, dass alle Diagonalen des Würfels gleich lang sind. Warum sehen sie in der räumlichen Darstellung trotzdem unterschiedlich lang aus? (Ihr könnt in einem DGS die Diagonalen z. B. mit dem Icon ⬛ einzeichnen lassen.)

b) Warum sehen die Schnittflächen in der räumlichen Darstellung anders aus als in Wirklichkeit? Gibt es auch Schnittflächen und Schnittlinien, die in der räumlichen Darstellung «richtig» aussehen? (Ihr könnt in einem DGS die Schnittflächen z. B. mit dem Icon ⬛ einzeichnen lassen.)

Abbildung 28: Diagonalen und Schnittflächen eines Würfels in Projektionen (Girnat und Meier, 2018b, S. 29, ©Cornelsen/zweiband)

weise, die man in der „Kopfgeometrie" zu Vorstellungsübungen nutzt. Mit den 3D-Funktionen eines dynamischen Geometriesystems kann man seine eigenen Vorstellungen überprüfen. Besonders interessant sind dabei spezielle Ansichten, die Projektionen eines Körpers in die Ebene darstellen.

Literatur

Balzer, Wolfgang (1978). *Empirische Geometrie und Raum-Zeit-Theorie in mengentheoretischer Darstellung.* Kronberg: Scriptor Verlag.

Barzel, Bärbel, Stephan Hußmann und Timo Leuders, Hrsg. (2005). *Computer, Internet & Co. im Mathematikunterricht.* Berlin: Cornelsen Verlag Scriptor GmbH & Co. KG.

Blum, Werner (1985). „Anwendungsorientierter Mathematikunterricht in der didaktischen Diskussion". In: *Mathematische Semesterberichte* 32.2, S. 195–232.

Dörner, Dietrich (1987). *Problemlösen als Informationsverarbeitung*. 3. Stuttgart, Berlin, Köln, Mainz: Kohlhammer.

Elschenbroich, Hans-Jürgen (2002). „Dem Höhenschnittpunkt auf der Spur". In: *Medien verbreiten Mathematik*. Hrsg. von Wilfried Herget, Rolf Sommer, Hans-Georg Weigand und Thomas Weth. Hildesheim: Verlag Franzbecker, S. 86–91.

– (2005). „Mit dynamischer Software argumentieren und beweisen". In: *Computer, Internet & Co. im Mathematikunterricht*. Hrsg. von Bärbel Barzel, Stephan Hußmann und Timo Leuders. Berlin: Cornelsen Verlag Scriptor GmbH & Co. KG, S. 76–85.

Förster, Frank (1997). „Anwenden, Mathematisieren, Modellbilden". In: *Mathematikunterricht in der Sekundarstufe II – Fachdidaktische Grundfragen – Didaktik der Analysis*. Hrsg. von Uwe Tietze, Manfred Klika und Hans Wolpers. Braunschweig, Wiesbaden: Friedrich Vieweg & Sohn Verlagsgesellschaft, S. 121–150.

Führer, Lutz (2002). „Über einige Grundfragen künftiger Geometriedidaktik". In: *mathematica didactica* 25.1, S. 55–77.

Girnat, Boris (2017). *Individuelle Curricula über den Geometrieunterricht – Eine Analyse von Lehrervorstellungen in den beiden Sekundarstufen*. Wiesbaden: Springer Spektrum.

Girnat, Boris und Patrick Meier (2016a). *Mathe 21 — Geometrie / Band 1 — Handreichungen mit Kopiervorlagen*. Berlin: Cornelsen Verlag GmbH.

– (2016b). *Mathe 21 — Geometrie / Band 1 — Lösungen zum Schülerbuch*. Berlin: Cornelsen Verlag GmbH.

– (2016c). *Mathe 21 — Geometrie / Band 1 — Schülerbuch*. Berlin: Cornelsen Verlag GmbH.

– (2017a). *Mathe 21 — Geometrie / Band 2 — Handreichungen mit Kopiervorlagen*. Berlin: Cornelsen Verlag GmbH.

– (2017b). *Mathe 21 — Geometrie / Band 2 — Schülerbuch*. Berlin: Cornelsen Verlag GmbH.

– (2018a). *Mathe 21 — Geometrie / Band 3 — Handreichungen mit Kopiervorlagen*. Berlin: Cornelsen Verlag GmbH.

– (2018b). *Mathe 21 — Geometrie / Band 3 — Schülerbuch*. Berlin: Cornelsen Verlag GmbH.

Graumann, Günter, Reinhard Hölzl, Konrad Krainer, Michael Neubrand und Horst Struve (1996). „Tendenzen der Geometriedidaktik der letzten 20 Jahre". In: *Journal für Mathematik-Didaktik (JMD)* 17.3, S. 163–237.

Hattermann, Matthias und Rudolf Sträßer (2006). „Mathematik zum Anfassen – Geometrie-Werkzeuge erschließen eine faszinierende Welt". In: *c't* 2006.13, S. 174–181.

Heinrich, Frank (2004). *Strategische Flexibilität beim Lösen mathematischer Probleme: Theoretische Analysen und empirische Erkundungen über das Wechseln von Lösungsanläufen.* Hamburg: Verlag Dr. Kovač.

Hischer, Horst (2016). *Mathematik – Medien – Bildung. Medialitätsbewusstsein als Bildungsziel: Theorie und Beispiele.* Wiesbaden. Springer Spektrum.

Hole, Volker (1998). *Erfolgreicher Mathematikunterricht mit dem Computer – Methodische und didaktische Grundfragen in der Sekundarstufe I.* Donauwörth: Auer Verlag GmbH.

Holland, Gerhard (2007). *Geometrie in der Sekundarstufe. Entdecken, Konstruieren, Deduzieren – Didaktische und methodische Fragen.* 3. Hildesheim, Berlin: Verlag Franzbecker.

Hölzl, Reinhard (1994). *Im Zugmodus der Cabri-Geometrie. Interaktionsstudien und Analysen zum Mathematiklernen mit dem Computer.* Weinheim: Deutscher Studien Verlag.

Kadunz, Gert und Rudolf Sträßer (2007). *Didaktik der Geometrie in der Sekundarstufe I.* Hildesheim, Berlin: Verlag Franzbecker.

Kaenders, Rainer und Reinhard Schmidt, Hrsg. (2014). *Mit GeoGebra mehr Mathematik verstehen. Beispiele für die Förderung eines tieferen Mathematikverständnisses aus dem GeoGebra-Institut Köln/Bonn.* 2. Aufl. Wiesbaden: Springer Spektrum.

Koepsell, Andreas und Dirk Tönnies (2007). *Dynamische Geometrie im Mathematikunterricht der Sekundarstufe I.* Köln: Aulis.

Kusserow, Wilhelm (1928). *Los von Euklid! Eine Raumlehre für den Arbeitsunterricht, durchgehend auf Bewegung gegründet.* Leipzig: Dürr.

Leuders, Timo (2006). „Reflektierendes Üben mit Plantagenaufgaben". In: *Der mathematische und naturwissenschaftliche Unterricht* 59.5, S. 276–284.

Ludwig, Matthias und Hans-Georg Weigand (2009). „Konstruieren". In: *Didaktik der Geometrie für die Sekundarstufe I.* Hrsg. von Hans-Georg Weigand, Andreas Filler, Reinhard Hölzl, Sebastian Kuntze, Matthias Ludwig, Jürgen Roth, Barbara Schmidt-Thieme und Gerald Wittmann. Heidelberg: Spektrum Akademischer Verlag, S. 55–80.

Schoenfeld, Alan (1985). *Mathematical Problem Solving.* Englisch. San Diego: Academic Press.

Struve, Horst (1990). *Grundlagen einer Geometriedidaktik.* Mannheim, Wien, Zürich: BI Wissenschaftlicher Verlag.

Tietze, Uwe-Peter (1997). „Fachdidaktische Grundfragen des Mathematikunterrichts in der Sekundarstufe II". In: *Mathematikunterricht in der Sekundarstufe II – Band 1: Fachdidaktische Grundfragen – Didaktik der Analysis.* Hrsg. von Uwe-Peter Tietze, Manfred Klika und Hans Wolpers. Braunschweig und Wiesbaden: Friedrich Vieweg & Sohn, S. 1–120.

Vollrath, Hans-Joachim (1989). „Funktionales Denken". In: *Journal für Mathematik-Didaktik (JMD)* 10, S. 3–37.

Weigand, Hans-Georg (2009). „Ziele des Geometrieunterrichts". In: *Didaktik der Geometrie für die Sekundarstufe I.* Hrsg. von Hans-Georg Weigand, Andreas Filler, Reinhard Hölzl, Sebastian Kuntze, Matthias Ludwig, Jürgen Roth, Barbara Schmidt-Thieme und Gerald Wittmann. Heidelberg: Spektrum Akademischer Verlag, S. 13–34.

Weigand, Hans-Georg und Thomas Weth (2002). *Computer im Mathematikunterricht – Neue Wege zu alten Zielen.* Heidelberg und Berlin: Spektrum Akademischer Verlag.

Winter, Heinrich (2004). „Mathematik und Allgemeinbildung". In: *Materialien für einen realitätsbezogenen Unterricht (ISTRON).* Hrsg. von Hans-Wolfgang Henn und Katja Maaß. 8. Hildesheim: Verlag Franzbecker, S. 6–15.

Wittmann, Gerald (2000). „Historische Entwicklung". In: *Mathematikunterricht in der Sekundarstufe II – Band 2: Didaktik der Analytischen Geometrie und Linearen Algebra.* Hrsg. von Uwe-Peter Tietze, Manfred Klika und Hans Wolpers. Braunschweig und Wiesbaden: Friedrich Vieweg & Sohn, S. 73–92.

– (2008). *Elementare Funktionen und ihre Anwendungen.* Heidelberg: Spektrum Akademischer Verlag.

Der Grundlagentest als Teil des Projekts HiStEMa – Eine Studienleistung als studienbegleitende Maßnahme zur Grundlagensicherung

Martin Kreh, Daniel Nolting und Jan-Hendrik de Wiljes

Abstract *In diesem Artikel wird der seit dem Wintersemester 2013/14 an der Universität Hildesheim bestehende Grundlagentest dargestellt. Der Schwerpunkt liegt in der Erläuterung des didaktischen Konzepts des Grundlagentestes zur Grundlagensicherung sowie in der Darstellung der Testkonstruktion. Durch eine statistische Auswertung der bisherigen Ergebnisse wird ein positiver Zusammenhang zwischen erreichten Punkten und Bestehensquote in der zugehörigen Veranstaltung aufgezeigt. Ziel des Artikels ist der Einblick in die kontinuierliche Förderung mathematischer Grundfertigkeiten für Studierende des GHR-Lehramts mit Studienfach Mathematik an der Universität Hildesheim.*

1 Einleitung

An vielen Universitäten haben Studierende in mathematikhaltigen Studiengängen Probleme mit mathematischen Grundfertigkeiten. Genannt werden häufig Inhalte aus der Sekundarstufe 1 (Bruchrechnung, Termumformungen, Potenzrechnung uvm.). Ohne die sichere Beherrschung dieser Inhalte ist eine hochschulmathematische Bildung schwierig zu realisieren (vgl. Becher, Biehler, Fischer, Hochmuth und Wassong, 2013; Fischer und Biehler, 2011; Knospe, 2012; Schwenk-Schellschmidt, 2013; Baumann, 2013). Durch eine von Henn und Polaczek (Henn und Polaczek, 2007) an der RWTH Aachen durchgeführte Untersuchung wurde statistisch nachgewiesen, dass die Beherrschung des Mittelstufenstoffes aus der Schulzeit einen Einfluss auf den Erfolg in MINT-Studiengängen hat.

Springer Fachmedien Wiesbaden GmbH, ein Teil von Springer Nature 2021
B. Girnat (Hrsg.), *Mathematik lernen mit digitalen Medien und forschungsbezogenen Lernumgebungen*, Hildesheimer Studien zur Mathematikdidaktik, https://doi.org/10.1007/978-3-658-32368-4_3

An der Universität Hildesheim gibt es für Studierende des Lehramtes Mathematik für Grund-, Haupt- und Realschule deshalb seit dem Wintersemester 2013/14 einen onlinebasierten Test, den Grundlagentest (GLT), der diese Grundfertigkeiten abprüft und das Ziel einer Automatisierung eben dieser verfolgt. Das Bestehen dieses Testes ist Voraussetzung für die Teilnahme an fachwissenschaftlichen Klausuren und Prüfungen. Eine erste Behandlung des Grundlagentestes geschieht durch Nolting und Kreuzkam (Nolting und Kreuzkam, 2014). In dieser Arbeit werden das didaktische Konzept des Grundlagentests, der Aufbau, die Ergebnisse der letzten Semester sowie Ideen für zukünftige Arbeiten vorgestellt.

2 Didaktisches Konzept

In den vergangenen Jahren konnte an der Universität Hildesheim verstärkt ein Rückgang von mathematischen Basiskompetenzen bei Studierenden im Grund-, Haupt- und Realschullehramt festgestellt werden (vgl. Kreuzkam, 2011; Kreuzkam, 2013). Insbesondere liegen in bestimmten Bereichen aus der Sekundarstufe I, verstärkt in den Bereichen Terme, Gleichungen und Potenzen, Defizite vor. Diese Beobachtungen decken sich mit Studien an anderen Standorten (vgl. Becher, Biehler, Fischer, Hochmuth und Wassong, 2013; Fischer und Biehler, 2011; Knospe, 2012; Schwenk-Schellschmidt, 2013; Baumann, 2013).

Diese Basiskompetenzen müssen jedoch als Grundlage eines vertieften Verständnisses der Schulmathematik von Studierenden des Lehramts beherrscht werden; sie sind unabdingbar und als Teil von Professionswissen von angehenden Lehrkräften eine Voraussetzung dafür, dass die späteren Lehrkräfte die fachlichen Inhalte des Mathematikunterrichts angemessen aufbereiten und darstellen können (vgl. Heinze und Grüßing, 2009; Kunter, Baumert, Blum, Klusmann, Krauss und Neubrand, 2011). Desweiteren haben u.a. die TEDS-M- sowie die COACTIV-Studie aufgezeigt, dass angehende Lehrkräfte Mängel in ihrem mathematischen Wissen aufweisen; diese befinden sich meist auf Kompetenzniveau I (zu vermittelnde Inhalte werden selbst kaum beherrscht, vgl. Blömeke, Kaiser und Lehmann, 2010). Solche Unsicherheiten führen ebenfalls zu Problemen im fachdidaktischen Wissen, da fachmathematisches Wissen die Voraussetzungen für eine adäquate Vermittlung von Inhalten darstellt (vgl. Künsting, Billich und Lipowsky, 2009, 657f.).

Darüber hinaus müssen Lehrerinnen und Lehrer bei einer Änderung des Kerncurriculums jederzeit in der Lage sein, sich auf Basis fundierter Grundlagenkenntnisse in neue Themen einzuarbeiten. Untersuchungen im Bereich des Professionswissen (vgl. Kunter, Baumert, Blum, Klusmann, Krauss und Neubrand, 2011, Shulman, 1987) legen ebenfalls nahe, dass nur durch die sichere Beherrschung des

Schulstoffs angemessene Rückmeldung im Unterricht, ein flexibler Umgang mit Aufgabentypen und eine sinnvolle Anschlussfähigkeit des Unterrichtsstoffs im Sinne des Spiralcurriculums gewährleistet werden können.

An der Universität Hildesheim gibt es seit 2010 das Projekt HiStEMa (Hildesheimer Stufen für den Einstieg in die Mathematik). In dieses Projekt wurde 2013 der Grundlagentest eingebettet (siehe Abbildung 1). Weitere Informationen zum Projekt HiStEMa sind in Hamann, Kreuzkam, Nolting, Schulze und Schmidt-Thieme, 2014; Hamann, Kreuzkam, Schmidt-Thieme und Sander, 2014; de Wiljes, Hamann und Schmidt-Thieme, 2016; de Wiljes und Hamann, 2013 zu finden.

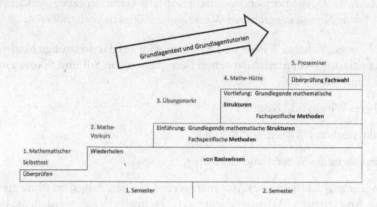

Abbildung 1: Das Projekt HiStEMa

Andere Universitäten (vgl. Blömeke, 2015, 3f.) reaktivieren mathematische Grundfertigkeiten meist durch einen mehr oder weniger umfangreichen mathematischen Vorkurs. In vielen dieser Kurse werden Inhalte der Sekundarstufe I angesprochen. Um das Ziel der Automatisierung von Grundfertigkeiten (vgl. Abschnitt 3) zu erreichen, bedarf es allerdings einer längerfristigen Aktivierung von Lerninhalten. Die Beschäftigung über einen ausgedehnten Zeitraum führt zu einer besseren Behaltensleistung (vgl. Keppel, 1964, 91f., Bahrick und Phelps, 1987, 344f., zusammenfassend Cepeda, Pashler, Vul, Wixted und Rohrer, 2006, 354f.). Aus diesem Grund erstreckt sich der Grundlagentest über das gesamte Bachelorstudium der Lehramtsstudierenden an der Universität Hildesheim.

3 Zielsetzungen

Der Grundlagentest deckt inhaltliche Bereiche ab, die grundlegend für nahezu alle fachmathematischen Veranstaltungen sind, wie beispielsweise Bruchrechnung und Potenzgesetze, und sich aus dem Mittelstufenstoff ergeben. Er prüft vertiefte Kenntnisse ab und erhöht professionelle Handhabung der benötigten mathematischen Grundfertigkeiten. Im Unterschied zu den Begriffen „Basiskompetenzen" (vgl. Drüke-Noe, Möller, Pallack, Schmidt, Schmidt, Sommer und Wynands, 2011, S. 8) und „mathematische Routinefertigkeiten" (vgl. Kreuzkam, 2013, S. 564) wird der Begriff „Grundfertigkeiten" wie folgt definiert:

Grundfertigkeiten umfassen sowohl mathematische Routinefertigkeiten, als auch das klientelbezogene notwendige mathematische Handwerkzeug, welches auf dem Niveau des sicheren Wissens und Könnens vorhanden ist.

Das Niveau „Sicheres Wissen und Können" geht auf das dreistufige Modell zur Automatisierung von mathematischen Fertigkeiten von Sill und Sikora zurück (vgl. Sill und Sikora, 2007, S. 132 ff.):

1. Sicheres Wissen und Können

2. Reaktivierbares Wissen und Können

3. Exemplarisches Wissen und Können

Durch eine „[...] (teilweise) Automatisierung können Aufgaben ohne größere mentale Anstrengung (Arbeitsgedächtnis) [...] schnell erledigt werden. Sie befreien das Arbeitsgedächtnis von Routineaufgaben, sodass mehr mentale Kapazität für das Erreichen anspruchsvollerer Lernziele zur Verfügung steht." (Wild und Möller, 2009, S. 19f.). Motiviert dadurch definieren wir die Automatisierung (von Grundfertigkeiten) als den

Prozess vom Nichtkönnen von Grundfertigkeiten zum (weitestgehend fehlerfreien) Verwenden von Grundfertigkeiten mit geringem mentalen Aufwand.

Es erscheint sinnvoll, diesen Prozess in Stufen zu unterteilen, was wir an dieser Stelle nur ansatzweise tun wollen. Ein hoher Grad an Automatisierung bedeutet dabei, dass „spezifische Prozeduren, die typisch für eine Domäne sind, [...] hoch automatisiert ablaufen" (König und Hofmann, 2010, S. 59), während bei einem geringen Grad „bei Ausübung einer Tätigkeit jeder einzelne Schritt überlegt, abgewogen und anschließend bewusst ausgeführt" (König und Hofmann, 2010, S. 59) werden muss.

Die Automatisierung soll neben der Vermeidung von Flüchtigkeitsfehlern, die unter anderem auf einen größeren Zeitaufwand für die Benutzung von Grundfertigkeiten zurückzuführen sind, auch bewirken, dass den Ausführungen in fachwissenschaftlichen Veranstaltungen besser gefolgt werden kann. Ferner soll sie dazu führen, dass Lehrkräfte schnell handeln können, was manchmal nötig ist, um die Struktur der Lehrer-Schüler-Interaktion aufrecht zu erhalten (vgl. Bromme, 1997).

Somit verfolgt der Grundlagentest folgende Ziele:

1. Erhalt und Festigung von „Sicherem Wissen und Können" durch die semesterweise Wiederholung des Grundlagentests, um ein gewisses Maß an Überlernen zu erreichen (vgl. Renkl, 2000, S. 16 f.).

2. Die Reaktivierung von mathematischen Grundfertigkeiten ist die Voraussetzung für eine Automatisierung und die daraus resultierende mentale Entlastung (vgl. Wild und Möller, 2009, S. 19f.).

3. Die mentale Entlastung, die einen hohen Grad an Automatisierung zur Folge hat, soll helfen, den Ausführungen in Fachvorlesungen leichter zu folgen und Kapazität für das Verständnis von Abstraktem zu vergrößern.

4. Durch das Aufzeigen von individuellen Defiziten soll die Selbstregulation der Studierenden gefördert werden. Dies fördert Professionswissen (vgl. dazu auch die weiteren Stufen von HiStEMa).

Um einen hohen Grad an Automatisierung zu erreichen, werden im mathematischen Vorkurs, einem weiteren Baustein des Projektes HiStEMa (vgl. HiStEMa Stufe 2), die relevanten Schulinhalte zur Reaktivierung behandelt und anschließend durch schriftliche Übungsaufgaben geübt. Daneben können Sprechzeiten von Dozierenden sowie Tutorinnen und Tutoren des Vorkurses genutzt werden, um vorhandene Probleme im Bereich der Grundfertigkeiten zu identifizieren und möglichst auszuräumen.

4 Themenauswahl

Wie bereits dargelegt, weisen viele Studien darauf hin, dass Mathematikstudierende des Lehramts vor allem Defizite bei der sicheren Beherrschung des Sekundarstufenstoffs aufweisen (vgl. Abschnitt 2) und dies vor allem bei Kalkülaufgaben, welche gezielt auf mathematische Inhalte ausgerichtet sind (vgl. u.a. Becher, Biehler, Fischer, Hochmuth und Wassong, 2013). Daher richtet sich der Grundlagentest gezielt auf die Überprüfung inhaltlicher Kompetenzen. Die Auswahl der abgefragten Themenkomplexe erfolgte auf Basis der in den Kerncurricula für die in Hildesheim ausgebildeten Lehramtsoptionen (Grund-, Haupt- und Realschule) formulierten inhaltsbezogenen Kompetenzen, sowie auf einer Analyse der notwendigen Grundlagen für fachmathematische Veranstaltungen. Die Schnittmenge der beiden Bereiche führte zu insgesamt 15 Themengebieten (vgl. Abschnitt 5), welche sich mit den Inhalten mathematischer Vorkurse an anderen Hochschulen zum Teil decken (u.a. Hoffkamp, Kortenkamp und Seidel, 2013, 10; vgl. Frenger und Müller, 2015, 29) und die identifizierten Schwierigkeitsbereiche aus COACTIV und TEDS-M aufgreifen.

Die cosh-Arbeitsgruppe (bestehend aus Lehrenden der Mathematik in Hochschulen sowie Lehrkräften an Gymnasien/Berufsschulen) formulierte einen Mindestanforderungskatalog Mathematik für den Übergang von Schule zur Hochschule (für eine Rezension des Katalogs sei auf Bescherer, 2013 verwiesen). Neben allgemeinen mathematischen prozessbezogenen Kompetenzen (u. a. Problemlösen, systematisches Vorgehen, mathematisch Kommunizieren und Argumentieren) werden für verschiedene mathematische Inhaltsbeispiele Anforderungen festgelegt (vgl. cosh-Arbeitsgruppe, 2014).

Grundlagentest	Mindestanforderungen Mathematik
Bruchrechnung	erweitern und kürzen; Brüche multiplizieren, dividieren, addieren und subtrahieren
Nenner rational machen	Die StudienanfängerInnen können die Potenz- und Wurzelgesetze zielgerichtet anwenden. Sie wissen, wie Wurzeln auf Potenzen zurückgeführt werden und können damit rechnen.
Potenzgesetze	Die StudienanfängerInnen können die Potenz- und Wurzelgesetze zielgerichtet anwenden. Sie wissen, wie Wurzeln auf Potenzen zurückgeführt werden und können damit rechnen.
Logarithmen	—
Graphen erkennen	können den qualitativen Verlauf der Graphen dieser elementaren Funktionen beschreiben sowie Funktionsterme von elementaren Funktionen ihren Schaubildern zuordnen und umgekehrt;
Addition & Multiplikation	können die Regeln zur Kommaverschiebung anwenden
Ausklammern	beherrschen die Vorzeichen- und Klammerregeln, können ausmultiplizieren und ausklammern; können Terme zielgerichtet umformen mithilfe von Kommutativ-, Assoziativ- und Distributivgesetz

Grundlagentest	Mindestanforderungen Mathematik
Klammern auflösen	beherrschen die Vorzeichen- und Klammerregeln, können ausmultiplizieren und ausklammern; können Terme zielgerichtet umformen mithilfe von Kommutativ-, Assoziativ- und Distributivgesetz
Binomische Formeln	beherrschen die binomischen Formeln mit beliebigen Variablen; können Terme zielgerichtet umformen mithilfe von Kommutativ-, Assoziativ- und Distributivgesetz
Lineare Gleichungen & Quadratische Gleichungen	lineare und quadratische Gleichungen lösen
Betragsgleichungen	einfache Betragsgleichungen lösen und dabei den Betrag als Abstand auf dem Zahlenstrahl interpretieren
Lineare Ungleichungen	lineare Ungleichungen lösen; Ungleichungen mit Brüchen lösen
Gleichungssysteme	lineare Gleichungssysteme mit bis zu 3 Gleichungen und 3 Unbekannten ohne Hilfsmittel lösen. Offensichtliche Lösungen werden ohne Gauß-Elimination erkannt

Tabelle 1: Gegenüberstellung der Inhalte des Grundlagentests und der Mindestanforderungen Mathematik 2.0

Die Gegenüberstellung in Tabelle 1 lässt erkennen, dass sich bis auf den Themenbereich Logarithmen alle angesprochenen Themenfelder in den Mindeststandards wiederfinden. Das sichere Beherrschen der Umformungsregeln für den Logarithmus spielt im Studienverlauf im Bereich der Analysis eine Rolle und wird für eine Verknüpfung zwischen Exponential- und Logarithmusfunktion benötigt. Aus diesen Gründen wurde sich für eine Aufnahme in den GLT ausgesprochen. Eine beispielhafte, detailliertere Aufgabenanalyse erfolgt in Abschnitt 5.2.

Die Schwierigkeit einer Aufgabe bestimmt in großem Maße die Wahrscheinlichkeit auf eine korrekte Lösung (vgl. Neubrand, Klieme, Lüdtke und Neubrand, 2002). Aus diesem Grund wurden für die konkreten Aufgabenformulierungen verschiedene Schulbücher der oben genannten Schulformen (ergänzt um das gymnasiale Angebot) als Basis gewählt. Die Aufgaben dienten als Vorlage für die Aufgabenkreation durch die Mitarbeiter/Innen des Instituts für Mathematik und

Angewandte Informatik, wodurch ein vergleichbares Schwierigkeitsniveau erreicht wurde.

5 Aufbau

5.1 Organisatorisches

Der Test besteht aus 21 Aufgaben zu 15 Themengebieten, in denen insgesamt 26 Punkte zu erreichen sind. Die genaue Aufschlüsselung ist in Tabelle 2 zu sehen.

Thema	Aufgaben	Punkte (pro Aufgabe)
Bruchrechnung	2	1
Nenner rational machen	2	1
Potenzgesetze	2	1
Logarithmen	2	1
Graphen erkennen	1	1
Addition	2	1
Multiplikation	2	1
Ausklammern	1	1
Klammern auflösen	1	1
Binomische Formeln	1	1
Lineare Gleichungen	1	2
Quadratische Gleichungen	1	2
Betragsgleichungen	1	2
Lineare Ungleichungen	1	2
Gleichungssysteme	1	2

Tabelle 2: Aufgabentypen und Punkteverteilung im Grundlagentest

Bei den Aufgaben, bei denen es einen Punkt zu erreichen gibt, wird dabei eine 0 — 1—Bewertung vorgenommen. Dies hat zum einen technische Gründe, zum anderen gibt es bei vielen Aufgaben nur wenige oder keine Zwischenschritte. Bei den Aufgaben, bei denen es zwei Punkte zu erreichen gibt, sind mehrere Lösungen einzugeben oder mehr Zwischenschritte notwendig. Hier gibt es Teilpunkte, wenn man eine, aber nicht alle, richtigen Lösungen findet.

Für die Bearbeitung des Testes haben die Studierenden 45 Minuten Zeit. Der Test ist als Studienleistung an fachwissenschaftliche Veranstaltungen gebunden, die im ersten bis fünften Semester des Bachelorstudiums stattfinden. Pro Semester und Veranstaltung haben die Studierenden mindestens zwei Versuche den Test zu bestehen. Um die Vertiefung der Kenntnisse adäquat abprüfen zu können, steigen die Bestehensgrenzen von 12 Punkten für Veranstaltungen, die nach Regelstudienplan im ersten Semester stattfinden, auf 18 Punkte für Veranstaltungen im fünften Semester, siehe auch Tabelle 3.

Semester	benötigte Punkte
1. Semester	12
2. Semester	14
3. Semester	15
4. Semester	16
5. Semester	18

Tabelle 3: Benötigte Punkte zum Bestehen des Testes

Technisch wird der Test auf der Plattform „moodle" (vgl. Dougiamas, 1999) im E-Learning-System „Learnweb" durchgeführt. Zu den verschiedenen Aufgabentypen haben Mitarbeiter/innen des Instituts Aufgaben erstellt, so dass im Moment pro Typ zwischen 16 und 62 Aufgaben vorhanden sind. Aus diesem Aufgabenpool findet bei jedem individuellen Test durch das System eine zufällige Ausgabenauswahl statt. Die Aufgaben sollen vom Schwierigkeitsgrad nicht zu stark voneinander abweichen. Dies ist jedoch nur bis zu einem gewissen Grad möglich, dadurch variiert die Schwierigkeit der einzelnen Tests. Es wird versucht, diese nicht zu vermeidende Variation möglichst gering zu halten (vgl. Abschnitt 7).

Mit Ausnahme des Aufgabentyps „Graphen erkennen" handelt es sich um freie Aufgaben, die Studierenden bekommen also keine Lösungen vorgegeben und müssen eine Lösung eingeben. Als Hilfsmittel stehen den Studierenden Zettel und Stifte für Notizen und Rechnungen, allerdings keine elektronischen Geräte, zur Verfügung. Nachdem die Lösungen in das System eingegeben wurden, erfolgt ein automatischer Abgleich mit der korrekten Lösung. Um dies zu gewährleisten, müssen die Lösungen in einer bestimmten Syntax eingegeben werden. Diese Syntax basiert auf der Syntax des Computer-Algebra-Systems Maxima, das den Studierenden durch eine Lehrveranstaltung zu Beginn des erstes Semester bekannt ist, sowie der Syntax des Textsatzprogrammes LaTeX. Es steht den Studierenden während des Testes ein Übersichtzettel über die Syntax zur Verfügung. Darüber hinaus befindet sich im System ein Übungstest mit einigen Aufgaben, bei dem Studierende die Aufgabentypen und die Syntax im Vorfeld üben können. Die Notwendigkeit einer speziellen Syntax resultiert in Fehlern, die nicht auf fehlendes mathematisches Wissen zurückgeführt werden können. Diese Schwierigkeit ist aufgrund der freien Aufgaben nicht zu vermeiden. Aufgaben, die nur aufgrund solcher Syntaxfehler falsch beantwortet wurden, können aber nachträglich als richtig gewertet werden (vgl. Abschnitt 6).

Nach Durchführung des Testes steht Studierenden ein Feedback mit ihrer Auswertung (Anzahl erreichter Punkte und Bestehen), ihren eingegebenen sowie den richtigen Ergebnissen zur Verfügung. Die Dozierenden können die Ergebnisse aller Teilnehmenden sehen. Darüber hinaus besteht für Dozierende die Option, sich nur die von den Studierenden erreichten Punkte oder die Punkte mit Fragetext, eingegebenen und richtigen Antworten anzeigen zu lassen. Durch das System wird außerdem eine Statistik zur Verfügung gestellt, die die Anzahl der Versuche, den Durchschnitt, Median und weitere statistische Parameter für den gesamten Test enthält. Zu einzelnen Aufgaben können Häufigkeiten und statistische Parameter (u.a. relative Schwere, effektive Gewichtung) abgerufen werden.

Seit dem Wintersemester 2014/15 gibt es zusätzlich zum Grundlagentest eine Grundlagenübung mit Tutorium, in dem Studierende Inhalte des Grundlagentestes sowie weitere mathematische Grundfertigkeiten, die in der Schule hätten erworben werden sollen, erneut erklärt bekommen.

Es gibt verschiedene Universitäten, an denen es ähnliche Konzepte eines Onlinetests gibt. Hier seien exemplarisch zwei solcher Konzepte genannt, der MINTFIT Mathetest der Hochschulen Hamburg sowie das Projekt DTA als Kooperation mehrerer Hochschulen.

Der MINTFIT Mathetest der Hochschulen Hamburg (vgl. Barbas, 2016) ist ein freiwilliger Test und ist als Unterstützung von Schülerinnen und Schülern sowie Studieninteressierten gedacht. Anders als beim Grundlagentest ist der Testplattform ein Computer-Algebra-System hinterlegt. Dadurch müssen die Lösungen nicht exakt dem hinterlegten Ergebnis entsprechen sondern nur mathematisch identisch damit sein. Das reduziert Syntaxfehler, führt aber auch dazu, dass teilweise die Aufgabenstellung als Ergebnis eingegeben werden kann und dies als korrekt gewertet wird. Ein solcher Test ist daher (aufgrund der Vermeidung von Syntaxfehlern) als freiwillige Selbsteinschätzung besser geeignet als der Grundlagentest, als Studienleistung allerdings nicht praktikabel.

Auch das Projekt DTA (Diagnostische Testaufgaben, vgl. Kallweit, Krusekamp, Neugebauer und Winter, 2016) der Hochschulen Münster, Flensburg, Darmstadt, Siegen und Bochum ist als freiwilliger Test zur Selbsteinschätzung von Studierenden ausgelegt.

5.2 Beispielaufgaben

Im Folgenden führen wir für einige der Kategorien Beispielaufgaben an und erläutern exemplarisch, in welchen Vorlesungen die genannten Kategorien Anwendung finden.

Rechenoperationen: In dieser Kategorie gibt es automatisch durch das System generierte Aufgaben, in denen drei fünfstellige Zahlen addiert/subtrahiert beziehungsweise zwei dreistellige Zahlen multipliziert werden.

Das sichere Beherrschen von Grundrechenarten ist Grundvoraussetzung für jegliche weitere Beschäftigung mit mathematischen Inhalten.

Potenzen: Vereinfachen Sie $\frac{2k^a}{b^2} \cdot \frac{b^3}{2k^{a+1}}$.

Der Umgang mit Potenzen und Potenzgesetzen ist unter anderem für die Veranstaltung Analysis, insbesondere bei der Behandlung der Exponentialfunktion und allgemeineren Potenzreihen, von Bedeutung.

Gleichungen: Lösen Sie die Gleichung $-7 + 5x + 2 = 3x + 1$.

Das Lösen von linearen Gleichungen in einer Unbekannten ist unabdingbar bereits für die im ersten Semester stattfindende Veranstaltung Lineare Algebra, denn das Behandeln von linearen Gleichungssystemen setzt zunächst einen sicheren Umgang mit linearen Gleichungen voraus.

Rechenregeln (Distributivgesetz): Klammern Sie so weit wie möglich aus: $3x^2y^4z^8 - 21x^3y^3z^3 + 102x^{102}y^{51}z^2$.

Das Anwenden des Distributivgesetzes (sowohl in Form des Ausklammerns als auch der des Auflösens von Klammern) ist sowohl bei Termen mit als auch bei Termen ohne Variablen von Bedeutung. Schon bei Termen ohne Variablen kann man das Distributivgesetz zum Beispiel in der Veranstaltung Zahlentheorie nutzen, um Terme auf Teilbarkeit und somit auch auf Primalität zu untersuchen.

5.3 Gütekriterien

Hier werden kurz die klassischen Gütekriterien Objektivität, Reliabilität und Validität diskutiert (siehe bspw. Döring und Bortz, 2016).

Da der Test an PCs stattfindet und sowohl der Ablauf als auch die Auswertung dabei nicht verändert werden, ist Objektivität gegeben.

Bei der Aufgabenauswahl wurde bereits auf Vergleichbarkeit geachtet. Allerdings muss berücksichtigt werden, dass zu ähnliche Aufgabenstellungen problematisch sein können. Aus diesem Grund wurden innerhalb eines Themas verschiedene Aufgabentypen entwickelt, die nicht immer denselben Schwierigkeitsgrad besitzen. Zu jedem dieser Typen wird (teils automatisch) eine Klasse von Aufgaben erzeugt, aus der bei jedem Test zufällig Elemente ausgewählt werden.

Sicherlich wird durch die zu lösenden Aufgaben überprüft, ob die Testpersonen prinzipiell solche Probleme erfolgreich bearbeiten können (die Eignung der

Aufgaben wurde durch Experten überprüft, beispielsweise in cosh-Arbeitsgruppe, 2014). Da die einzelnen Themen größtenteils sehr eng gefasst sind, sollte man davon ausgehen können, dass durch die einzelnen Testaufgaben die zu prüfende Fertigkeit ausreichend repräsentativ abgedeckt ist und überprüft werden kann. Dies garantiert die Validität.

Da zufällig Aufgaben ausgewählt werden, ist prinzipiell nicht zu erwarten, dass bei mehrfacher Durchführung des Tests immer dasselbe Ergebnis erzielt wird (manche Aufgaben sind teilweise etwas aufwendiger, es handelt sich dann eher um zeitliche als inhaltliche Schwierigkeiten). Dies ist ein wesentlicher Bestandteil zukünftiger Adjustierungen (siehe auch Abschnitt 7).

Dieser Punkt betrifft sicherlich auch die Frage der Reliabilität. Da die Items von Test zu Test stark variieren und eine Identifikation der gleichen Items in verschiedenen Tests sehr aufwendig (da zur Zeit nur manuell möglich) ist, ist eine Berechnung von sinnvoll interpretierbaren Reliabilitätskoeffizienten schwierig bzw. zur Zeit unmöglich. Sobald mehr Daten vorliegen oder alternativ für ein Jahr die Anzahl der Testitems stärker beschränkt wird, wird man genauere Aussagen treffen können.

6 Auswertung

Seit dem Wintersemester 2013/14 wurden bis heute (Stand 23.05.2017) mehr als 20.000 Übungstests sowie 4465 Tests als Studienleistung durchgeführt. Nur sehr wenige Aufgaben wurden nicht bearbeitet, der zeitliche Rahmen von 45 Minuten ist also passend gewählt. Es stellte sich außerdem heraus, dass die Eingabesyntax eine doch nicht unerhebliche Fehlerquelle darstellt. Einzelne Aufgaben des Testes können in dem Fall nachkorrigiert und nachträglich als korrekt gewertet werden. Bei den Übungstests beträgt der Durchschnitt der erreichten Punkte 48%. Der Durchschnitt sowie die Bestehensquoten der anderen Tests sind, aufgeteilt nach Veranstaltungen, in Tabelle 4 zu finden.

Veranstaltungen	Anzahl	Durchschnitt	benötigt	Bestehensquote
im Semester 13/14[1]	453	50,35%	46,15%-76,92%	–[2]
im 1. Semester[3]	779	47,26%	46,15%	64,32%
im 2. Semester[3]	708	55,43%	53,85%	69,63%
im 3. Semester[3]	889[4]	56,70%	57,69%	56,36%
im 4. Semester[3]	1161[4]	61,59%	61,54%	67,10%
im 5. Semester[3]	475	65,15%	69,23%	54,95%

Tabelle 4: Auswertung der Grundlagenteste nach Veranstaltungen

Diese Werte zeigen bereits, dass die erreichte Durchschnittspunktzahl im Laufe des Studiums ansteigt. Für diese Entwicklung gibt es zumindest zwei mögliche Erklärungen. Zum einen könnte eine Gewöhnung der Studierenden an den Test oder sogar einzelne Testaufgaben stattfinden (durch die relativ geringe Anzahl an verschiedenen Aufgaben erhalten einige Studierende bei späteren Tests möglicherweise Aufgaben, die sie in einem vorherigen Test schon einmal zu bearbeiten hatten). Zum anderen könnten die Studierenden tatsächlich im Laufe des Studiums eine höhere Stufe im Modell zur Automatisierung von mathematischen Fertigkeiten nach Sill und Sikora erreichen. Für das Erreichen einer höheren Stufe der Automatisierung spricht z.B. das Ergebnis der Erstsemesterklausur Lineare Algebra im Wintersemester 2013/14 (d.h. im ersten Semester, in dem der Test durchgeführt wurde). An dieser Klausur nahmen 112 Studierenden teil, von denen 96 (ca. 85,7%) die Klausur bestanden. Zusammen mit den Studierenden, die den Grundlagentest vorher nicht bestanden hatten (76), ist allerdings zu sagen, dass sich die Bestehensquote von etwa 50% insgesamt nicht verändert hat. In den darauffolgenden Semestern war und ist keine derart hohe Korrelation von Grundlagentest und Klausur festzustellen. Dies mag dafür sprechen, dass kein hohes Maß an Automatisierung erreicht wird oder ein solches Maß an Automatisierung in der Klausur nicht abgerufen werden kann oder für diese nicht hilfreich ist.

In Abbildung 2 sind die Durchschnittspunktzahlen nach Veranstaltungen ab dem Sommersemester 2014 (das Wintersemester 2013/14 wurde hier nicht beachtet, da der Test zu dem Zeitpunkt anders strukturiert war) sowie die lineare Trendlinie abgebildet. Das Bestimmtheitsmaß ist mit $R^2 = 0,9527$ recht groß, was einen linearen Trend nahelegt.

Tabelle 5 zeigt die Auswertung der Tests nach Semestern.

Insgesamt ist sowohl bei der durchschnittlich erreichten Punktzahl als auch bei der Bestehensquote ein positiver Trend (wenngleich kein monotoner) zu beobachten. Dies fällt umso mehr auf, wenn die Werte für Sommersemester und Wintersemester getrennt betrachtet werden (was durchaus sinnvoll ist, da Veranstaltungen sich nicht semesterweise sondern alle zwei Semester wiederholen). Dies kann daran liegen, dass sich die Studierenden besser auf den Grundlagentest vorbereiten und dadurch schon früher im Studium eine höhere Automatisierungsstufe erreichen.

---

[1] Im Wintersemester 13/14 war der Test noch nicht an Veranstaltungen gekoppelt und es gab andere Bestehensgrenzen.

[2] Da der Test in diesem Semester noch nicht an Veranstaltungen gekoppelt war, ist eine nachträgliche Auswertung von Bestehensquoten nicht möglich.

[3] ab SoSe 14

[4] Diese hohen Zahlen kommen dadurch zustande, dass es im 3. und 4. Semester jeweils zwei fachwissenschaftliche Veranstaltungen gibt.

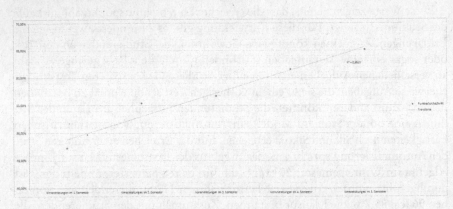

Abbildung 2: Visualisierung und Trend von Durchschnitt und Bestehensquote

Semester	Anzahl	Durchschnitt	Bestehensquote
Winter 13/14[1]	453	50,35%	–[2]
Sommer 14	836	55,91%	56,10%
Winter 14/15	688	52,47%	52,19%
Sommer 15	579	58,83%	65,63%
Winter 15/16	661	58,06%	63,09%
Sommer 16	334	63,84%	79,34%
Winter 16/17	566	55,31%	68,37%
Sommer 17	348	60,36%	74,14%

Tabelle 5: Auswertung der Grundlagenteste nach Semester

7 Fazit und Ausblick

Die Verbesserung von Punktedurchschnitt und Bestehensquote über die Semester
hinweg deutet an, dass der Grundlagentest das Ziel der Automatisierung von
mathematischen Grundfertigkeiten erreicht. Um dies genauer zu verifizieren, sind
jedoch weitere Arbeiten und Untersuchungen nötig. Einerseits muss ausgeschlos-
sen werden, dass die erhöhte Punkteanzahl durch eine Gewöhnung an den Test
oder die Testaufgaben erfolgt. Dafür muss der bisherige Aufgabenpool erweitert
werden. Da es sich bei dem Grundlagentest um eine Zulassungsvoraussetzung
handelt, sollte zudem die Schwierigkeit der durchgeführten Tests vergleichbar
sein. Dafür sollte innerhalb der Themenbereiche die Aufgabenschwierigkeit ver-
einheitlicht werden, was sich vor allem auf die Anzahl der Lösungsschritte für die
jeweilige Aufgabe bezieht. Diese beiden Aufgaben werden bereits durchgeführt.

Darüber hinaus sollte das Problem der Syntaxfehler angegangen werden. Dafür werden momentan die Aufgaben in das Testformat STACK umgewandelt. STACK ist ein Plugin für „moodle", das auf dem Computer-Algebra-System Maxima aufbaut. Es gibt in STACK verschiedene Testarten, unter anderem einen Test, der Antworten bis auf Kommutativität und Assoziativität als richtig wertet. Damit können Syntaxfehler erheblich reduziert werden. In Zukunft können auf STACK aufbauend auch zufallsgenerierte Aufgaben erzeugt werden.

Durch die von der Plattform „moodle" automatisch zur Verfügung gestellten statistischen Daten zu einzelnen Aufgaben können auch Aufgaben und Aufgabenbereiche gesondert betrachtet werden, was bisher nicht geschehen ist. Beispielsweise könnten dadurch einzelne Aufgaben als zu leicht oder zu schwer erkannt werden. Zudem könnte man (allgemein für alle Studierenden oder auch für einzelne Studierende) Themenbereiche ausfindig machen, in denen es besondere Probleme gibt, um diese Bereiche besser fördern zu können.

Neben den Schwierigkeiten mit Grundfertigkeiten besteht nach eigener Erfahrung bei den Studierenden auch eine große Unsicherheit im Begriffs- und Formelverständnis, so dass auch diese Bereiche eingearbeitet werden könnten. Hierfür sind noch weitere qualitative und quantitative Auswertungen im Rahmen von Bachelor-/Masterarbeiten notwendig. Um den sauberen Umgang mit mathematischen Begriffen und Formeln zu erlernen und zu üben, gibt es darüber hinaus im Projekt HiStEMa ein neu konzipiertes Proseminar, das in einem weiteren Artikel vorgestellt werden soll.

Literatur

Bahrick, Harry P. und Elizabeth Phelps (1987). „Retention of Spanish Vocabulary Over 8 Years". In: *Journal of Experimental Psychology Learning Memory and Cognition* 13.2, S. 344–349.

Barbas, Helena (2016). „Der Hamburger MINTFIT Mathetest für MINT-Studieninteressierte". In: *Hanse-Kolloquium zur Hochschuldidaktik der Mathematik 2015*. WTM-Verlag, S. 3–14.

Baumann, Astrid (2013). „Mathe-Lücken und Mathe-Legenden – Einige Bemerkungen zu den mathematischen Fähigkeiten von Studienanfängern". In: *Die Neue Hochschule*. Bd. 5. Hochschullehrerbund, S. 150–153.

Becher, Silvia, Rolf Biehler, Pascal Fischer, Reinhard Hochmuth und Thomas Wassong (2013). „Analyse der mathematischen Kompetenzen von Studienanfängern an den Universitäten Kassel und Paderborn". In: *Mathematik im Übergang Schule/Hochschule und im ersten Studienjahr, Extended Abstracts zur 2. khdm-Arbeitstagung*. Hrsg. von Axel Hoppenbrock, Stephan Schreiber, Robin Göller,

Rolf Biehler, Bernd Büchler, Reinhard Hochmuth und Hans-Georg Rück, S. 19–20.

Bescherer, Christine (2013). „Arbeitskreis HochschulMathematikDidaktik". In: *Beiträge zum Mathematikunterricht*, S. 1156–1159.

Blömeke, Sigrid (2015). „Der Übergang von der Schule in die Hochschule: Empirische Erkenntnisse zu mathematikbezogenen Studiengängen". In: *Lehren und Lernen von Mathematik in der Studieneingangsphase*. Hrsg. von Axel Hoppenbrock, Rolf Biehler, Reinhard Hochmuth und Hans-Georg Rück. Springer, S. 3–14.

Blömeke, Sigrid, Gabriele Kaiser und Rainer Lehmann (2010). *TEDS-M 2008 - Professionelle Kompetenz und Lerngelegenheiten angehender Mathematiklehrkräfte für die Sekundarstufe I im internationalen Vergleich*. Waxmann.

Bromme, Rainer (1997). „Kompetenzen, Funktionen und unterrichtliches Handeln des Lehrers". In: *Psychologie des Unterrichts und der Schule*. Hrsg. von Franz E. Weinert. Enzyklopädie der Psychologie. Themenbereich D. Serie I. Pädagogische Psychologie, Band 3. Hogrefe, Göttingen, S. 177–212.

Cepeda, Nicholas J., Harold Pashler, Edward Vul, John T. Wixted und Doug Rohrer (2006). „Distributed practice in verbal recall tasks: A review and quantitative synthesis". In: *Psychological Bulletin* 132.3.

cosh-Arbeitsgruppe (2014). *Mindestanforderungskatalog Mathematik (Version 2.0) der Hochschulen Baden-Württembergs für ein Studium von WiMINT-Fächern - Ergebnis einer Tagung vom 05.07.2012 und einer Tagung vom 24.-26.02.2014*. URL: `https://lehrerfortbildung-bw.de/bs/bsa/bk/bk_mathe/.../makv20b_ohne_leerseiten.pdf`.

de Wiljes, Jan-Hendrik und Tanja Hamann (2013). „Die Hildesheimer Mathe-Hütte - ein Angebot zur Einführung in mathematisches Arbeiten im ersten Studienjahr". In: *Beiträge zum Mathematikunterricht 2013*. Hrsg. von Gilbert Greefrath, Friedhelm Käpnick und Martin Stein. Bd. 1. WTM-Verlag, S. 248–251.

de Wiljes, Jan-Hendrik, Tanja Hamann und Barbara Schmidt-Thieme (2016). „Die Hildesheimer Mathe-Hütte - ein Angebot zur Einführung in mathematisches Arbeiten im ersten Studienjahr". In: *Lehren und Lernen von Mathematik in der Studieneingangsphase: Herausforderungen und Lösungsansätze*. Hrsg. von Axel Hoppenbrock, Rolf Biehler, Reinhard Hochmuth und Hans-Georg Rück. Springer, S. 101–113.

Döring, Nicola und Jürgen Bortz (2016). *Forschungsmethoden und Evaluation in den Sozial- und Humanwissenschaften*. Springer.

Dougiamas, Martin (1999). `https://moodle.org/`. URL: `https://moodle.org/`.

Drüke-Noe, Christina, Gerd Möller, Andreas Pallack, Siegbert Schmidt, Ursula Schmidt, Norbert Sommer und Alexander Wynands (2011). *Basiskompetenzen Mathematik. für Alltag und Berufseinstieg am Ende der allgemeinen Schulpflicht.* Cornelsen.

Fischer, Pascal R. und Rolf Biehler (2011). „Über die Heterogenität unserer Studienanfänger. Ergebnisse einer empirischen Untersuchung von Teilnehmern mathematischer Vorkurse". In: *Beiträge zum Mathematikunterricht 2011.* Hrsg. von Reinhold Haug und Lars Holzäpfel. WTM-Verlag, S. 255–258.

Frenger, Ralf P. und Antje Müller (2015). *Evaluationsbericht Online-Vorkurse Mathematik an der Justus-Liebig-Universität Gießen.* URL: %5Curl%7Bhttp://geb.uni-giessen.de/geb/volltexte/2016/12105/pdf/FrengerMueller_Evaluationsbericht_Vorkurse_Math_2014_15.pdf%7D.

Hamann, Tanja, Stephan Kreuzkam, Daniel Nolting, Heidi Schulze und Barbara Schmidt-Thieme (2014). „HiStEMa: Das erste Studienjahr. Hildesheimer Stufen zum Einstieg in die Mathematik". In: *Beiträge zum Mathematikunterricht 2014.* Hrsg. von Jürgen Roth und Judith Ames. Bd. 2. WTM-Verlag, S. 1351–1352.

Hamann, Tanja, Stephan Kreuzkam, Barbara Schmidt-Thieme und Jürgen Sander (2014). „„Was ist Mathematik?" Einführung in mathematisches Arbeiten und Studienwahlüberprüfung für Lehramtsstudierende". In: *Mathematische Vor- und Brückenkurse: Konzepte, Probleme und Perspektiven.* Hrsg. von Isabell Bausch, Rolf Biehler, Regina Bruder, Pascal R. Fischer, Reinhard Hochmuth, Wolfram Koepf, Stephan Schreiber und Thomas Wassong. Springer, S. 375–387.

Heinze, Aiso und Meike Grüßing (2009). *Mathematiklernen vom Kindergarten bis zum Studium: Kontinuität und Kohärenz als Herausforderung für den Mathematikunterricht.* Waxmann.

Henn, Gudrun und Christa Polaczek (2007). „Studienerfolg in den Ingenieurwissenschaften". In: *Das Hochschulwesen.* Bd. 55. Universitätsverlag Webler, S. 144–147.

Hoffkamp, Andrea, Ulrich Kortenkamp und Susen Seidel (2013). *Handreichung zur Situation mathematischer Vorkurse an sachsen-anhaltischen Hochschulen und Vorschläge zu deren didaktisch-methodischer Ausgestaltung.* URL: https://www2.mathematik.hu-berlin.de/~hoffkamp/handreichung.pdf.

Kallweit, Michael, Sebastian Krusekamp, Christoph Neugebauer und Kathrin Winter (2016). „Mathematische Online-Self-Assessments zur frühzeitigen Diagnose und Förderung von Grundlagenkenntnissen". In: *Hanse-Kolloquium zur Hochschuldidaktik der Mathematik 2015.* WTM-Verlag, S. 140–149.

Keppel, Geoffrey (1964). „Facilitation in short- and long-term retention of paired associates following distributed practice in learning". In: *Journal of verbal Learning and verbal Behaviour* 3.2, S. 91–111.

Knospe, Heiko (2012). „Zehn Jahre Eingangstest Mathematik an Fachhochschulen in Nordrhein Westfalen". In: *Proceedings zum 10. Workshop Mathematik in ingenieurwissenschaftlichen Studiengängen*. Hochschule Ruhr-West, S. 19–24.

König, Johannes und Bernhard Hofmann, Hrsg. (2010). *Professionalität von Lehrkräften - Was sollen Lehrkräfte im Lese- und Schreibunterricht wissen und können?* Deutsche Gesellschaft für Lesen und Schreiben, Berlin.

Kreuzkam, Stephan (2011). „Mathematische Grundkenntnisse von Studierenden". Magisterarb. Universität Hildesheim (unveröffentlicht).

– (2013). „Mangel an mathematischen Routinefertigkeiten – Basiswissen Mathematik". In: *Beiträge zum Mathematikunterricht 2013*. Hrsg. von Gilbert Greefrath, Friedhelm Käpnick und Martin Stein. Bd. 1. WTM-Verlag, S. 564–567.

Künsting, Josef, Melanie Billich und Frank Lipowsky (2009). „Der Einfluss von Lehrerkompetenzen und Lehrerhandeln auf den Schulerfolg von Lernenden". In: *Lehrprofessionalität. Bedingungen, Genese, Wirkungen und ihre Messung.* Hrsg. von Olga Zlatin-Troitscjanskaia, Klaus Beck, Detlef Sembill, Reinhold Nickolaus und Regina Mulder. Beltz, S. 655–667.

Kunter, Mareike, Jürgen Baumert, Werner Blum, Uta Klusmann, Stefan Krauss und Michael Neubrand (2011). *Professionelle Kompetenz von Lehrkräften: Ergebnisse des Forschungsprogramms COACTIV.* Waxmann.

Neubrand, Michael, Eckhard Klieme, Oliver Lüdtke und Johanna Neubrand (2002). „Kompetenzstufen und Schwierigkeitsmodelle für den PISA-Test zur mathematischen Grundbildung". In: *Unterrichtswissenschaft.* Bd. 30. 5, S. 100–119.

Nolting, Daniel und Stephan Kreuzkam (2014). „Förderung mathematischer Fertigkeiten im Lehramtsstudium durch computerbasierten Grundlagentest". In: *Beiträge zum Mathematikunterricht 2014*. Hrsg. von Jürgen Roth und Judith Ames. Bd. 2. WTM-Verlag, S. 859–862.

Renkl, Alexander (2000). „Automatisierung allein reicht nicht aus: Üben aus kognitionspsychologischer Perspektive". In: *Friedrich Jahresheft*. Hrsg. von Richard Meier, Ute Rampillon, Uwe Sandfuchs und Lutz Stäudel, S. 16–19.

Schwenk-Schellschmidt, Angela (2013). „Mathematische Fähigkeiten zu Studienbeginn, Symptome des Wandels – Thesen zur Ursache". In: *Die Neue Hochschule.* Bd. 1. Hochschullehrerbund, S. 26–29.

Shulman, Lee S. (1987). „Knowledge and teaching: foundations of the new reform". In: *Harvard Educational Review* 57, S. 1–22.

Sill, Hans-Dieter und Christina Sikora (2007). *Leistungserhebungen im Mathematikunterricht. Theoretische und empirische Studien.* Franzbecker.

Wild, Elke und Jens Möller (2009). *Pädagogische Psychologie.* Springer.

Eine digitale Lern- und Prüfungsumgebung zur Einführung in die Didaktik der Mathematik

Thekla Kober und Boris Girnat

Abstract   *An der Universität Hildesheim wurde im Sommersemester 2019 begleitend zur Zweitsemestervorlesung „Einführung in die Didaktik der Mathematik" ein Onlinesystem aufgebaut, das 120 Aufgaben zum fachdidaktischen Basiswissen enthält.[1] Im Rahmen dieser Vorlesung wurde das System zum Erwerb der Studienleistung eingesetzt. Es soll nach der Vorlesung als Einrichtung zum selbstgesteuerten, studienbegleitenden Üben und Wiederholen des mathematikdidaktischen Basiswissens bereitstehen und aus fachdidaktischer Sicht das bereits seit 2013/14 bestehenden Programm „Hildesheimer Stufen für den Einstieg in die Mathematik" (HiStEMa) ergänzen, das eine Unterstützung in den Studieneinstieg und fortlaufend während des gesamten Bachelorstudiums Übungs- und Wiederholungsmöglichkeiten für die fachwissenschaftliche Seite des Studiums bietet.[2] In diesem Aufsatz wird das Konzept und der Inhalt des fachdidaktischen Onlinesystems beschrieben sowie ein Überblick über die Ergebnisse und die Evaluation des Systems bei seinem ersten Einsatz im Sommersemester 2019 gegeben.*

---

[1]Der Aufbau dieses System wurde vom niedersächsischen Ministerium für Wissenschaft und Kultur im Rahmen der Projektes „Innovation plus (2019/20)" als Maßnahme Nr. 26 gefördert.

[2]Siehe auch den Beitrag „Der Grundlagentest als Teil des Projekts HiStEMa – Eine Studienleistung als studienbegleitende Maßnahme zur Grundlagensicherung" von Martin Kreh, Daniel Nolting und Jan-Hendrik de Wiljes in diesem Band ab S. 55.

1 Einleitung: Ein Onlinesystem für das fachdidaktische Professionswissen

Nach Shulman werden drei Dimensionen des Professionswissens von Lehrkräften unterschieden: das Fachwissen (content knowledge: CK), das fachdidaktische Wissen (pedagogical content knowledge: PCK) und das pädagogische Wissen (pedagogical knowledge: PK) (Shulman, 1987, vgl. auch Shulman, 1986; Bromme, 1992). In der Ausbildung von Mathematiklehrkräften hat diese Unterscheidung u. a. dazu geführt, dass in der Studieneingangsphase der Blick auf das fachmathematische Vorwissen gelenkt wird. Dazu gibt es verschiedene Gründe: Mehrere Studien wie beispielsweise TEDS-M oder der COACTIV legen es nahe, dass es eine hierarchische Abhängigkeit zwischen diesen drei Wissensbereichen gibt (vgl. Blömeke, Kaiser und Lehmann, 2010; Kunter, Baumert, Blum, Klusmann, Krauss und Neubrand, 2011; Künsting, Billich und Lipowsky, 2009; Heinze und Grüßing, 2009): Nur wer über ausreichend Fachwissen verfügt, kann fachdidaktischen Wissen erwerben; und nur wer über fachdidaktisches Wissen verfügt, kann pädagogisches Wissen nutzen, um den Mathematikunterricht erfolgreich zu gestalten.

Das Fachwissen bildet in dieser hierarchischen Ordnung die Basis und damit eine notwendige Bedingung für einen gelingenden Mathematikunterricht. Umso bedenklicher ist eine Beobachtung, die in zahlreichen Untersuchungen zutage getreten ist: Das mathematische Fachwissen von Studienanfängern ist sehr heterogen und entspricht oftmals nicht den Standards, die für ein erfolgreiches Studium des Faches Mathematik angemessen erscheinen (vgl. beispielsweise Becher, Biehler, Fischer, Hochmuth und Wassong, 2013; Schwenk-Schellschmidt, 2013; Baumann, 2013). Von daher ist es gut nachvollziehbar, dass sich in der Gesellschaft für Didaktik der Mathematik (GDM) ein Arbeitskreis zur Hochschulmathematikdidaktik gegründet hat (vgl. Bescherer, 2013) und dass sich die ersten Initiativen dieses Arbeitskreises darauf gerichtet haben, die mathematischen Fähigkeiten von Studienanfänger zu diagnostizieren und Maßnahmen vorzuschlagen, die auf eine Förderung dieser Fähigkeiten in der Studieneingangsphase abzielen – beispielsweise durch Brücken- oder Förderkurse (vgl. Hoppenbrock, Biehler, Hochmuth und Rück, 2016, für eine Übersicht).

Das mathematische Institut der Universität Hildesheim hat seit dem Wintersemester 2013/14 auf diese Befunde reagiert und ein Konzept entwickelt, um die mathematischen Basiskompetenzen von Studienanfänger der in Hildesheim vertretenen Lehramtsstudiengänge (Grund-, Haupt- und Realschullehramt) zu fördern. Zusammengefasst werden diese Maßnahmen unter der Bezeichnung „Hildesheimer Stufen für den Einstieg in die Mathematik" (HiStEMa). Dieses Programm besteht u. a. aus Tests, Vorkursen, mathematischen Exkursionen, Proseminaren,

Onlineübungsaufgaben und aus Grundlagentests, die eine Zulassungsvoraussetzung für weiterführende Mathematikveranstaltungen darstellen (vgl. Hamann, Kreuzkam, Nolting, Schulze und Schmidt-Thieme, 2014; Kreuzkam, 2013; Nolting und Kreuzkam, 2014; de Wiljes, Hamann und Schmidt-Thieme, 2016; Hamann, Kreuzkam, Schmidt-Thieme und Sander, 2014)[3]

Das Projekt, das in diesem Kapitel beschrieben wird, schickt sich an, die Maßnahmen von HiStEMa auf den fachdidaktischen Bereich zu erweitern. Nach dem mathematischen Fachwissen (CK) rückt nun das fachdidaktische Wissen (PCK) in den Blick: Analog zum Grundlagentest in der Fachwissenschaft wurde in Hildesheim ein Onlinesystem aufgebaut, das fachdidaktischen Aufgaben enthält und sich von der Aufgabe her an dem bereits in HiStEMA existierenden Grundlagentest orientiert.

Der bereits bestehende fachwissenschaftliche Grundlagentest enthält Aufgaben für Studienanfänger (siehe auch ähnliche Programme wie beispielsweise Kallweit, Krusekamp, Neugebauer und Winter, 2016; Barbas, 2016). Es basiert, unter technischen Aspekten gesehen, auf dem weit verbreiteten System Moodle (vgl. Dougiamas, 1999) und wird in Hildesheim dazu genutzt, den Studenten Möglichkeiten zum selbstständigen Üben und Lernen zu geben (vgl. Heintz, 2003; Barzel, Hußmann und Leuders, 2005), wie auch dazu, Zulassungsvoraussetzungen für weiterführende Mathematikveranstaltungen zu erwerben.

Der fachwissenschaftliche Grundlagentest ist also im Kern eine Aufgabensammlung, die sich als Prüfungs- wie auch als Übungssystem nutzen lässt. Genau dieses Ziel hat auch das neue fachdidaktische System. Der entscheidende Unterschied ist allerdings der, dass der fachmathematische Grundlagentest auf Schulwissen aufbauen kann; fachdidaktisches Wissen kann man aber wohl kaum bei Studienanfängern voraussetzen. Daher wird das fachdidaktische Onlinesystem erst im zweiten regulären Studiensemester begleitend zur Vorlesung „Einführung in die Didaktik der Mathematik" aktiviert. Im Rahmen dieser Vorlesung wird das Onlinesystem zum Erwerb der Studienleistung eingesetzt – es dient als Prüfsystem –; anschließend steht das System zur Übungs- und Wiederholungszwecken zur Verfügung. Im Zuge einer Überarbeitung der Studienordnungen für die Lehrämter ist es angedacht, dass fachdidaktische System ähnlich wie den Grundlagentest als Zulassungsvoraussetzung für weiterführende Didaktikveranstaltungen zu nutzen.

Zum jetzigen Zeitpunkt ist das fachdidaktische Onlinesystem im Zuge des Sommersemesters 2019 begleitend zur Vorlesung „Einführung in die Didaktik der Mathematik" aufgebaut und zum ersten Mal zum Erwerb der Studienleistung eingesetzt worden. Im weiteren Text wird der Inhalt der Vorlesung und die Gestaltung

---

[3]Für eine ausführliche Beschreibung siehe auch den Beitrag „Der Grundlagentest als Teil des Projekts HiStEMa – Eine Studienleistung als studienbegleitende Maßnahme zur Grundlagensicherung" von Martin Kreh, Daniel Nolting und Jan-Hendrik de Wiljes in diesem Band ab S. 55.

der Testaufgaben beschrieben sowie eine statistische Auswertungen der Testergebnisse und eine Evaluation des System durch die Vorlesungsteilnehmer dargestellt. Da sowohl die Teststatistik als auch die Evaluation durch die Studierenden positiv ausfällt, schließt der Text mit Gedanken zu weiteren Einsatzmöglichkeiten des neu aufgebauten Systems.

2 Inhalte: Grundlagen der Didaktik der Mathematik

Die Vorlesung „Einführung in die Didaktik der Mathematik" orientiert sich vorrangig am Handbuch für Mathematikdidaktik (Bruder, Hefendehl-Hebeker, Schmidt-Thieme und Weigand, 2014). Aus der Themenfülle dieser und anderer Einführungen in die Mathematikdidaktik (Zech, 2002; Reiss und Hammer, 2012; Krauthausen, 2018) wurde eine Vorlesung zusammengestellt, die sich in die zwölf folgenden Themenblöcke gliedert, die auf vier Kapitel verteilt sind:

- **Kapitel 1 (Grundlegende Fragen):**
  1. Was ist Mathematikdidaktik? Aufgaben und Inhalte der Mathematikdidaktik in Praxis und Wissenschaft, insbesondere eine Übersicht über mathematikdidaktische Prinzipien und Grundideen (z. B. Allgemeinbildung, wintersche Grunderfahrungen, fundamentale Ideen, Spiralprinzip, genetisches Prinzip, Kompetenzorientierung).
  2. Was ist Mathematik? Historische, wissenschaftstheoretische und schulbezogene Antworten.

- **Kapitel 2 (Prozessorientierte Kompetenzen):**
  3. Begriffsbildung. Semantik, Arten der Begriffseinführung, Stufen des Begriffslernens, typische Fehler der Begriffsbildung, operative Didaktik, Einsatz von Repräsentationsformen.
  4. Problemlösen und Modellieren. Problemlöseprozesse, Operatoren, Strategien, Heuristiken, Sachrechnen, Modellbildung, Modellierungskreislauf.
  5. Argumentieren und Beweisen. Aufbau mathematischer Theorien, Funktionen des Beweisens im Unterricht, Ebenen, Funktionen und Exaktheitsgrade des Argumentierens.
  6. Darstellen und Kommunizieren. Einsatz von Repräsentationsformen, spezielle Repräsentationsformen für ausgewählte Themen (Einführung des Zahlbegriffs, Arithmetik in der Grundschule, Brüche, Funktionen), Funktion der Fachsprache im Unterricht, Schreibanlässe.

- **Kapitel 3 (Inhaltsbezogene Kompetenzen):**

  7. Geometrie. Raum und Form, Größen und Maße, Stufenmodelle zum Größenkonzept, praktische und theoretische Seiten der Geometrie unter Einschluss der historischen Perspektive, typische geometrische Tätigkeiten (Konstruieren, Definieren, Problemlösen, Berechnen, Beweisen), dynamische Geometriesysteme.

  8. Arithmetik und Algebra. Zahlen, Variablen, Muster, Strukturen und Funktionen. Zahlaspekte, halbschriftliches und schriftliches Rechnen, Variablenaspekte, Modelle zu Term- und Gleichungsumformungen, Aspekte von Funktionen.

  9. Daten und Zufall. Kombinatorik, Zugänge zum Wahrscheinlichkeitsbegriff, Verhältnis von Statistik und Wahrscheinlichkeitstheorie.

- **Kapitel 4 (Gestaltung des Unterrichts):**

  10. Unterrichtsmethoden. Arten und Funktionen von Unterrichtsmethoden, konstruktivistische und instruktivistische Lerntheorien, Gestaltung von Lernumgebungen.

  11. Aufgaben. Arten und Funktionen von Aufgaben im Mathematikunterricht, Zechs Modell der Lernphasen, traditionelle Aufgabendidaktik, Prinzip der Variation des Unwesentlichen, traditionelle und neuere Formen des Übens (automatisierendes, operatives, reflektierendes, produktives Üben), offene und geschlossene Aufgaben.

  12. Diagnostik, Leistungsbewertung und Differenzierung. Qualitätsstandards von Diagnose und Bewertung, formative und summative Bewertungen, Vergleich von Lern- und Prüfungsaufgaben, Umgang mit Heterogenität, Differenzieren durch Methoden und Aufgaben.

3 Ziele und Beschreibung der Onlineaufgaben

Die Onlineaufgaben sollen mehrere Ziele erfüllen: Ein zentrales Ziel des Onlinesystems ist es, den Inhalt der Einführungsvorlesung repräsentativ durch 120 Aufgaben abzudecken. In den Zeiten vor dem Onlinesystem konnte man die Studienleistung durch vier zweiseitige Essays zu vier selbstgewählten Themen aus dem Spektrum der zwölf Unterrichtseinheiten erwerben. Mit dem Onlinesystem wird eine breitere Abdeckung des Inhaltes angestrebt, als es durch vier ausgewählte Themen möglich ist.

Ein weiteres Ziel der Aufgaben ergibt sich aus ihrer Verbindung zur Einführungsvorlesungen und zu ihrem geplanten Einsatz in einem Übungssystem: Da es sich bei den Inhalten um mathematikdidaktisches Grundlagenwissen handelt und da die Aufgaben nach der Einführungsvorlesung als permanente Übungsmöglichkeit zur Wiederholung und zur Vorbereitung auf weiterführende Didaktikveranstaltungen zur Verfügung stehen sollen, stellen sich vor allem zwei Anforderungen an die Onlineaufgaben: 1) Inhaltlich gesehen, sollten sie keine allzu speziellen Themen behandeln, sondern die zentralen Elemente der zwölf Lehreinheiten; 2) statistisch gesehen, sollte die Schwierigkeit der Aufgaben eher gemäßigt sein.

Als drittes Ziel wird die Akzeptanz der Aufgaben durch die Studierenden angesehen. Schließlich soll sich durch das Onlinesystem die fachdidaktische Lehr- und Lernsituation in den Lehramtsstudiengängen verbessern. Aus diesem Grunde wurden die Testaufgaben und die Akzeptanz des Systems nach ihrem ersten Einsatz begleitend zur Einführungsvorlesung evaluiert. Auf Grundlage der Evaluation der Testaufgaben sollten die Aufgaben verbessert und in ein Onlinesystem überführt werden, das sämtlichen Studierenden des Studienganges benutzen können, um fortlaufend durch selbstständiges Üben und Wiederholen ihr Grundlagenwissen in der Fachdidaktik sichern und festigen zu können, und das zugleich als Grundlagentest Vorbedingung zum Besuch weiterführender Didaktikveranstaltungen verwendet werden kann. Die Evaluation der Akzeptanz sollte die Entscheidungsgrundlage dafür liefern, ob und ggf. mit welchen Änderungen das Onlinesystem als Begleitung für zukünftige Einführungen in die Didaktik der Mathematik genutzt werden soll.

In den folgenden Abschnitten wird die Erstellung und Evaluation der Onlineaufgaben dargestellt.

3.1 Entwicklung der Aufgaben

Im Laufe des Sommersemesters 2019 wurden 120 Aufgaben entwickelt, die ins Onlinesystem „Learnweb" der Universität Hildesheim eingepflegt wurden. „Learnweb" basiert auf dem weitverbreiteten System Moodle (vgl. Dougiamas, 1999). Daher lassen sich die Aufgaben leicht auch an andere Universitäten oder Lehreinrichtungen beispielsweise als Open Educational Ressources (OER) übertragen (vgl. Geser, 2007, S. 20). Sämtliche Aufgaben werden automatisch ausgewertet. Dies ist eine Voraussetzung dafür, dass die Aufgaben im geplanten automatischen Übungs- und Wiederholungssystem weiterverwendet werden können. Als Aufgabenformate wurden verschiedene Typen eingesetzt (vgl. Steiner und Benesch, 2018, S. 56ff.). Im Folgenden wird eine Auswahl vorgestellt.

Multiple-Choice-Aufgabe: Bei den Multiple-Choice-Aufgaben gab es jeweils drei, vier oder fünf Antwortmöglichkeiten. Die Bepunktung erfolgte bei falschen Antworten mit einem Malus; damit sollte das Raten der Antworten – so weit es geht – verhindert werden. Die richtigen Antworten addierten sich immer zu 1 Punkt und die falschen entsprechend zu −1 Punkt. Daher konnte man insgesamt pro Aufgabe nicht weniger als 0 Punkte und nicht mehr als 1 Punkt erreichen. Dabei waren natürlich auch nicht volle Punkte, z. B. 0, 17 Punkte, möglich. Aufgaben mit nur falschen Antwortmöglichkeiten kamen dabei nicht vor, so dass immer mindestens eine Antwortmöglichkeit ausgewählt werden musste. Aufgaben mit nur richtigen Antwortmöglichkeiten waren aber vorhanden. Für eine bessere Verteilung der richtigen und falschen Antwortmöglichkeiten und damit die Studierenden die Fragen aufmerksam lesen, wurden die Fragestellungen teilweise verneint. Dabei wurde das verneinende „nicht" durch eine stärkere Schriftstärke besonders kenntlich gemacht. Die Reihenfolge der Antwortmöglichkeiten wurde vom System für jeden Studierenden zufällig neu ausgewählt, so dass eine Absprache unter den Studierenden nur auf inhaltlicher Ebene, ohne Verweis auf die Nummerierung der Antworten, stattfinden konnte. Außerdem werden durch die zufällige Anordnung der Antworten Positionseffekte vermieden, d. h. solche Tendenzen, wie beispielsweise die erste Antwort zu bevorzugen (vgl. Steiner und Benesch, 2018, S. 56ff.).

Welche Fähigkeiten gehören zu einem sicheren Umgang mit dem Begriffsumfang?

Wählen Sie eine oder mehrere Antworten:

☐ a. Herstellung einer Verbindung zu anderen, verwandten Begriffen

☐ b. Der Begriff kann mit Hilfe anderer Begriffe beschrieben werden

☐ c. Beispiele und Gegenbeispiele können angegeben werden

☐ d. Objekte, die unter den Begriff fallen werden erkannt

Abbildung 1: Multiple-Choice-Aufgabe

In Abbildung 1 ist eine Multiple-Choice-Aufgabe aus dem 3. Themenblock zu sehen. Sie ist daher Bestandteil des Tests für das zweite Kapitel. Die Studierenden sollten hier entscheiden, welche Aspekte zu einem extensionalen Begriffsverständnis, also dem Begriffsumfang gehören. Korrekt sind hier die Antwortmöglichkeiten „c." und „d." Es sollte hier überprüft werden, ob die Studierenden die Abgrenzung des extensionalen vom intensionalem (Antwortmöglichkeit „b.") und integriertem Begriffsverständnis (Antwortmöglichkeit „a.") verstanden haben.

Multiple-Choice-Aufgabe mit Stimulus (hier: Bild): Diese Aufgaben folgten den gleichen Regeln wie die Multiple-Choice-Aufgaben ohne Stimulus, allerdings gab es hier zusätzlich zur Fragestellung ein Bild, das als Stimulus die Antwort (maßgeblich) beeinflussen soll. Dieses Bild war einer Aufgabe aus einem Schulbuch nachempfunden. Andere Stimuli waren beispielsweise ein Fotos eines Tafelbildes aus einem realen Unterrichtsgeschehen oder fiktive Gespräche zwischen Schülerinnen und Schülern in der Art eines Cartoons. In Bezug auf das gezeigte Bild mussten die Studierenden die zutreffenden Antwortmöglichkeiten auswählen. Ziel dieser Aufgaben war es, ein tiefgehendes Verständnis für die Theorie aus der Vorlesung zu testen. Bei diesen Aufgaben konnten die Studierenden nicht einfach die Vorlesungsfolien oder Notizen aus der Vorlesung zur Hand nehmen und die entsprechende Passage nachschlagen, sondern mussten selber entscheiden, welche Aussagen auf das bisher unbekannte Bild zutreffen oder nicht.

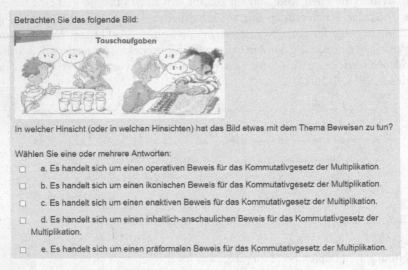

Abbildung 2: Multiple-Choice-Aufgabe mit Stimulus

Eine solche Beispielaufgabe ist in Abbildung 2 zu sehen. Thematisch behandelt die Aufgabe das Beweisen und gehört somit in Kapitel 2, Themenblock 5. In dem Bild sind zwei Schülergespräche als Cartoon zu sehen, mit ihnen soll das Prinzip der Tauschaufgaben veranschaulicht werden. Die Studierenden sollten hier entscheiden, inwieweit das Gespräch thematisch mit dem Beweisen zusammenhängt. Diese Aufgabe sollte das Spektrum in welchem Beweise im Unterricht auftreten können verdeutlichen. Bei dem Bild handelt es sich um die Darstellung eines präformalen, inhaltlich-anschaulichen und ikonischen Beweises des Kommutativgesetzes der Multiplikation (Antwortmöglichkeiten „b.", „d." und „e.").

Drop-down-Format: Bei den Aufgaben in diesem Format musste aus verschiedenen Begriffe der richtige aus einem Drop-down-Menü ausgewählt werden. Dabei
gab es Aufgaben, bei denen eine Zuordnung erfolgen sollte, und solche, bei denen
Lücken in einem Text mit den Begriffen aus dem Drop-down-Menü zu vervollstän-
digen waren. Pro Aufgabe mussten so mehrere Positionen gefüllt werden. Dabei
war bei den meisten Aufgaben nicht nur zu entscheiden, welcher Begriff an welche
Position gehört, sondern es gab auch Distraktoren im Drop-down-Menü. Pro
Aufgabe war maximal 1 Punkt zu erreichen; dieser Punkt wurde gleichmäßig auf
die einzelnen Positionen verteilt. Eine falsche Auswahl hatte keine Auswirkungen
auf die Gesamtpunktzahl für die Aufgabe. Bei den Aufgaben, bei denen Lücken
in einem Text ausgefüllt werden sollten, war die Anordnung der Aufgaben und
Antwortmöglichkeiten im Drop-down-Menü bei allen Studierenden identisch.
Bei den Zuordnungsaufgaben variierte das Moodle-System die Reihenfolge der
Begriffe im Menü und der einzelnen Teilaufgaben für jeden Studierenden.

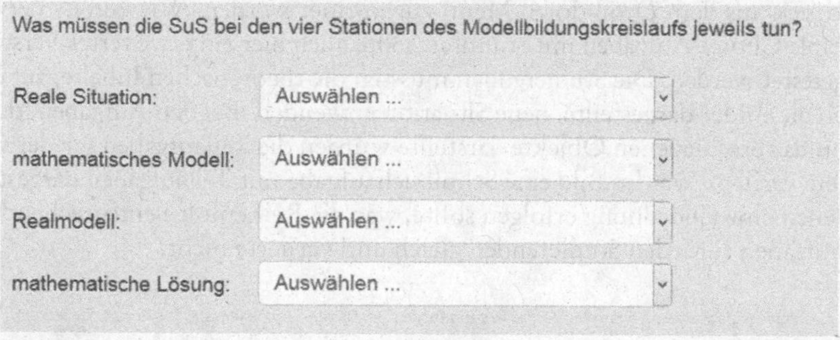

Abbildung 3: Drop-down-Aufgabe

Ein Beispiel für eine Drop-down-Aufgabe mit einer Zuordnung ist in Abbildung 3 dargestellt. In dieser Aufgabe sollten die Studierenden den vier Stationen
einer einfachen Variante des Modellbildungskreislaufs jeweils die passenden Tätigkeiten der Schülerinnen und Schüler zuordnen. Der Modellbildungskreislauf wurde im Zuge des Modellierens im zweiten Kapitel in Themenblock 4 thematisiert.
Dort wurden die einzelnen von den Schülerinnen und Schülern zu erlangenden
Teilkompetenzen, also die Tätigkeiten im Modellbildungskreislauf, ausführlich
besprochen. In den jeweiligen Drop-down-Menüs wurden alle möglichen Teilkompetenzen aufgelistet. Den einzelnen Stationen können teilweise bis zu drei
Tätigkeiten korrekt zugeordnet werden, die Studierenden konnten aber immer nur
eine auswählen. Dadurch konnten die Studierenden nicht per Ausschlussverfahren
auf die richtigen Zuordnungen kommen, obwohl es keine Distraktoren gab. Wie

oben bereits erwähnt, wurde die dargestellte Anordnung der Stationen, also der Teilaufgaben, für jeden Studierenden vom System neu variiert. Die korrekten Zuordnungen ergaben sich wie folgt:

- Reale Situation: „vereinfachen", „strukturieren" und „idealisieren"
- mathematisches Modell: „analysieren" und „lösen"
- Realmodell: „mathematisieren"
- mathematische Lösung: „interpretieren" und „überprüfen".

Drop-down mit vorgelegtem Stimulus: Es handelte sich bei diesen Aufgaben um Zuordnungsaufgaben im Drop-down-Format, die zusätzlich einen Stimulus enthielten. Der Stimulus erfolgte hier wieder in der Darstellung einer Aufgabe, wie sie in einem Schulbuch zu finden sein könnte. Die gezeigte Aufgabe beinhaltete verschiedene Teilaufgaben oder Objekte, diesen musste dann jeweils ein passender Ausdruck aus dem Drop-down-Menü zugeordnet werden. Wie bereits bei den Multiple-Choice-Aufgaben mit Stimulus, sollte auch hier ein erweitertes Verständnis getestet werden. Die Studierenden mussten die theoretischen Inhalte, auf eine durch die Bilder dargestellte, neue Situation anwenden. Bei den Aufgaben, deren Stimulus verschiedenen Objekte darstellte wurden die Teilaufgaben wieder vom System variiert. War im Bild eine Schulbuchaufgabe mit Teilaufgaben dargestellt, zu denen eine Zuordnung erfolgen sollte, war die Reihenfolge entsprechend der Teilaufgaben für jeden Studierenden gleich und variierte nicht.

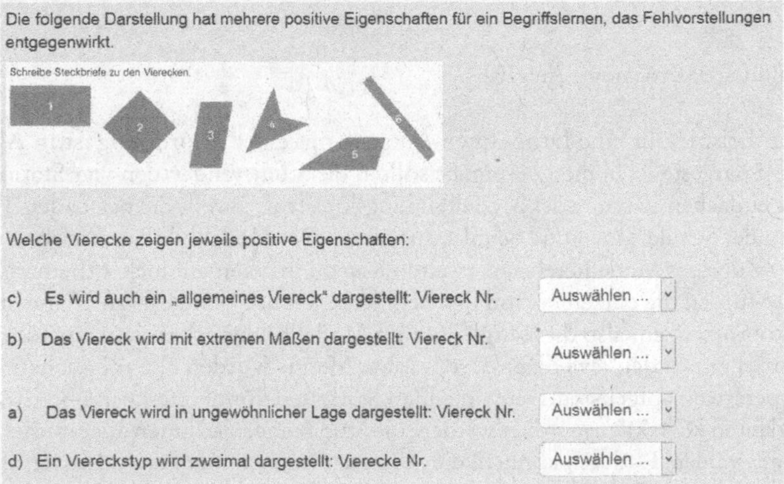

Abbildung 4: Drop-down-Aufgabe mit Stimulus

Abbildung 4 zeigt eine Drop-down-Aufgabe mit Stimulus. Die Aufgabe widmet sich dem Begriffslernen und dem Entgegenwirken von Fehlvorstellungen; beides wurde im dritten Themenblock behandelt. Die als Stimulus dienende Schulbuchaufgabe stellt verschiedene Objekte, genauer Vierecke, dar. Sie erfüllte mehrere für ein Begriffslernen förderliche Eigenschaften, wodurch Fehlvorstellungen entgegengewirkt werden kann. Für jede der aufgezählten Eigenschaften war zu entscheiden, welches der dargestellten Vierecke diese Eigenschaft erfüllt. Die Reihenfolge der Eigenschaften wurde dabei vom System variiert. Als Antwortmöglichkeiten wurden die Nummern der Vierecke, wie sie im Stimulus zu sehen sind, angegeben, zusätzlich wurden auch einige Nummernkombinationen, zum Beispiel „3 und 6", angeboten. Bei einer Eigenschaft, die auf zwei Vierecke zu traf, wurde auch nur die kombinierte Angabe der Vierecke als korrekte Lösung gewertet. So ist bei der Eigenschaft zur Darstellung eines Vierecks in ungewöhnlicher Lage nur die Antwort „2 und 6" korrekt, die Antwortmöglichkeiten „2" oder „6" werden nicht als richtig gewertet. Insgesamt gab es so neun Antwortmöglichkeiten und die Studierenden waren dazu angehalten alle Vierecke auf die jeweilige Eigenschaft zu überprüfen und nicht nur das erste Viereck auszuwählen, welches die Eigenschaft erfüllt. Die korrekten Lösungen für die Aufgabe lauten:

- Es wird auch ein „allgemeines Viereck" dargestellt: Viereck Nr. „4"
- Das Viereck wird mit extremen Maßen dargestellt: Viereck Nr. „6"
- Das Viereck wird in ungewöhnlicher Lage dargestellt: Viereck Nr. „2 und 6"
- Ein Viereckstyp wird zweimal dargestellt: Viereck Nr. „1 und 6"

In der Vorlesung wurden nur allgemein Fehlvorstellungen beim Begriffslernen thematisiert. So wurde die Unter- und Übergeneralisierung anhand eines Beispiels für Rechtecke bzw. Dreiecke besprochen. Im Hinblick auf diese Aufgabe, gab es aber keine tiefere Betrachtung von Fehlvorstellungen, z. B. durch weitere Bespiele oder ähnlichem. So mussten die Studierenden selber entscheiden, welche der Vierecke dem Prinzip der Unter- und Übergeneralisierung entgegenwirken. Die Eigenschaften wurden dementsprechend ausführlich formuliert. Den Studierenden wurde, durch die Aufgabe, somit die Gelegenheit geboten ihr Wissen aus der Vorlesung noch weiter zu vertiefen.

Freitextantwort: Aufgaben mit Freitextantwort gaben den Studierenden keine Antworten oder Antwortmöglichkeiten vor, sie mussten ihre Antwort frei in ein dafür vorgesehenes Feld eintragen. Bei diesen Aufgaben mussten die Studierenden sich noch einmal explizit mit der Vorlesung befassen, die Möglichkeit anhand der Antwortmöglichkeiten auf die korrekte Lösung zu schließen wurde hier unterbunden. Auch hier waren pro Aufgabe bis zu 1 Punkt erreichbar. Für die Bewertung wurden passende Antworten im Moodle-System eingepflegt; dieses bewertete die von den Studierenden gegebene Antworten automatisch. Dafür wurde den Studierenden mitgeteilt, dass nur der gesuchte Begriff in das Feld einzutragen sei; es sollte kein Antwortsatz o. ä. geschrieben werden. Jede mögliche Antwort musste dem System dabei einzeln angegeben werden. Für das System ist dabei die Reihenfolge in der die Antworten angegeben wurden entscheidend, es geht diese hierarchisch durch, die erste zutreffende Antwort wird dann genutzt. Da für nicht vollständige Antworten auch Teilpunkte möglich sind, wurde die vollständigste Antwort immer als erstes angegeben und dann absteigend mit der Bewertung die weiteren Antworten. Das System bietet einem weiterhin die Möglichkeit die Groß- und Kleinschreibung zu ignorieren und auch Platzhalter, in Form eines „*" sind möglich, so konnten unterschiedliche Wortendungen oder Wortverbindungen, wie „und" und „&", akzeptiert werden. Teilpunkte kamen bei den Aufgaben vor, bei denen zwei Begriffe genannt werden sollten, wurde nur einer genannt, gab es nur 0, 5 Punkte. Fand das System keine passende Antwort wurden automatisch 0 Punkte vergeben.

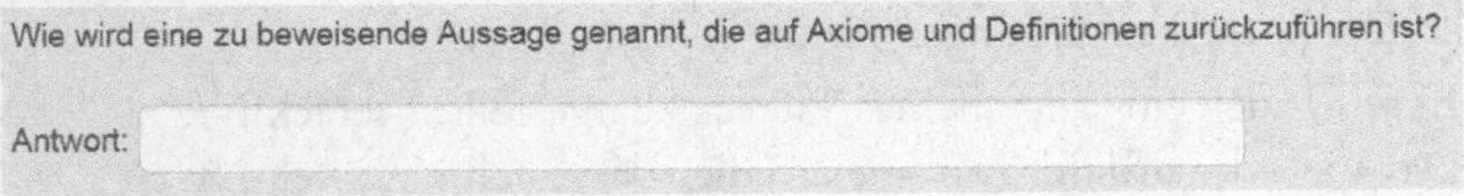

Wie wird eine zu beweisende Aussage genannt, die auf Axiome und Definitionen zurückzuführen ist?

Antwort:

Abbildung 5: Aufgabe mit Freitextantwort

Dem fünften Themenblock ist die Aufgabe mit Freitextantwort in Abbildung 5 zugeordnet. Der Themenblock behandelt thematisch das Beweisen und den Aufbau mathematischer Theorien. In der Vorlesung wurden die drei Arten von Aussagen (Axiome, Definitionen und Sätze) ausführlich besprochen. Diese Aufgabe sollte prüfen, ob die Studierenden verstanden haben, wobei es sich bei einer beweisenden Aussage handelt. Als korrekte Lösungen wurden hier „Satz", „Theorem", „Proposition" , „Lemma", „Lemmata", „Sätze" und der jeweilige Plural akzeptiert. Alle Antworten wurde mit einem vollen Punkt bewertet, bei dieser Aufgabe gab es keine Teilpunkte.

Lückenantworten: Die Aufgaben bei denen einen Lückenantwort gegeben werden sollte, sind den Aufgaben mit Freitextantwort ähnlich. Auch hier gab es keine Antwortvorgaben, die Antwort wurden von den Studierenden frei in das Feld eingetragen. Im Unterschied zur Freitextantwort, befand sich das zu füllende Feld innerhalb eines Satzes oder Textes. Im herkömmlichen Sinne handelt es sich also um Lückentexte. Die Bewertung erfolgte auch hier automatisch vom Moodle-System, dafür wurden die entsprechenden Antworten wieder so eingepflegt, dass auch kleinere Abweichungen, wie bei den Freitextantworten, akzeptiert wurden.

Maximal gab es auch bei diesen Aufgaben nur 1 Punkt zu erreichen. Gab es in einer Aufgabe mehr als eine Lücke, wurde dieser Punkt für die Lücken anteilig vergeben, so waren auch Teilpunkte möglich. Im Gegensatz zur Freitextantwort musste hier nicht die Antwort auf eine Frage gefunden, sondern ein Satz oder Text logisch vervollständigt werden. Dadurch wurden die Studierenden aus dem Frage-Antwortverhalten geholt und konnten sich dem Gesuchten aus einem anderen Blickwinkel nähern.

Füllen Sie die Lücke aus: Die Regel „Wahrscheinlichkeit ist die Anzahl der günstigen Fälle geteilt durch alle möglichen Fälle" lässt sich nur dann anwenden, wenn alle Fälle ⬚ sind.

Abbildung 6: Aufgabe mit Lückenantwort

Aus dem dritten Kapitel, Themenblock 9, stammt die Aufgabe mit Lückenantwort, welche in Abbildung 6 dargestellt ist. In dem Themenblock wurden die verschiedenen Wahrscheinlichkeitsbegriffe thematisiert, die gezeigt Aufgabe behandelt den klassischen Wahrscheinlichkeitsbegriff nach Laplace. Dabei wurde auch auf die unterschiedlichen Arten für die Wahrscheinlichkeitsberechnung eingegangen. Als Antworten wurde „gleichverteilt" und „gleich verteilt" akzeptiert. Hier sollte getestet werden, ob die Studierenden verstanden haben, wann die Regel für die Wahrscheinlichkeitsberechnung für den klassischen Wahrscheinlichkeitsbegriff angewandt werden darf.

3.2 Einsatz der Testaufgaben in der Einführungsvorlesung

In der Einführungsvorlesung zur Didaktik der Mathematik wurden die Onlineaufgaben eingesetzt, um die Studienleistung dieser Vorlesung zu erwerben. In den vorangegangenen Semestern wurden statt der Onlineaufgaben vier kurze (zweiseitige) Ausarbeitungen zu vier der zwölf Themenblöcke der Vorlesung eingereicht. In diesem Semester mussten demgegenüber bei der Bearbeitung der Aufgaben 50 Punkte von 120 möglichen Punkten durch Bearbeitung aller 120 Testaufgaben erworben werden. Der Wechsel von den Ausarbeitungen zu den Testaufgaben war im Falle der Studienleistung vor allem dadurch motiviert, dass mit den Aufgaben eine breitere inhaltliche Abdeckung des Vorlesungsinhalts erreicht werden soll, als dies durch vier kurze Text möglich erscheint. Außerdem gibt es in den mathematikdidaktischen Seminaren der anschließenden Semester ausreichend Möglichkeiten, selbstständig Texte für Studien- oder Prüfungsleistungen zu verfassen. Daher erscheint es nicht als Verlust, dass die Texterstellung als Prüfungsform in der Einführungsveranstaltung abgeschafft worden ist.

Die Aufgaben mussten in einer vorgegebenen Reihenfolge bearbeitet werden. Diese wurde für jeden Studierenden vom Moodel-System neu festgelegt. Die Bearbeitung der Tests konnte dabei von den Studierenden jederzeit unterbrochen und zu einem späteren Zeitpunkt fortgesetzt werden. Zu jedem der vier Kapitel gab es über alle darin enthaltenen Themenblöcke einen Test. Pro Test hatten die Studierenden zwei Wochen Bearbeitungszeit. Erst nach Ablauf der Bearbeitungszeit konnten die Studierenden ihre Gesamtpunktzahl für den jeweiligen Test einsehen.

3.3 Auswertung der Testergebnisse in der Einführungsvorlesung

Mit jeder Aufgabe konnte minimal 0 Punkte und maximal 1 Punkt erzielt werden. Wie bereits beschrieben, sind Werte zwischen 0 und 1 möglich. Die Daten der Testaufgaben weisen mit einem Cronbachs α von 0, 82 eine gute interne Konsistenz auf, d. h. es ist möglich den Test als essentiell eindimensional zu betrachten und die Punktsumme aus den einzelnen Testaufgaben zu bilden (vgl. Bühner, 2010, S. 166ff.).[4] Die Tabelle 1 listet die deskriptive Statistik des Onlinetests auf.

Min.	1. Quant.	Median	3. Quant.	Max.	Mittelwert	Stdabw.
0	70, 28	80, 22	85, 50	100, 84	71, 79	23, 81

Tabelle 1: Deskriptive Statistik des Onlinetests im Sommersemester 2019

Die Abbildung 7 zeigt die Verteilung der Punktsumme, d. h. wie viele Punkte die Teilnehmerinnen und Teilnehmer insgesamt von den 120 möglichen Punkten erzielt haben.

Die Gesamtpunktzahl hat einen Mittelwert von 71,79. Daran und anhand des Diagrammes ist zu erkennen, dass die Aufgaben keine unüberwindbare Hürde waren, um die Studienleistung zu erhalten, aber ein strengeres Auswahlkriterium als die schriftlichen Ausarbeitungen des vorangegangenen Jahres. 39 Teilnehmerinnen und Teilnehmer der Vorlesung im Sommersemester 2019 haben das Minimum von 50 Punkten, um die Studienleistung zu erwerben, nicht erreicht. Im Sommersemester 2018 haben lediglich 10 von 285 Studierende die Studienleistung durch schriftliche Ausarbeitungen nicht erhalten. Insgesamt weisen die Aufgaben also eine größere Diskriminationsfähigkeit auf als die schriftlichen, sind aber nicht „zu schwer". Letzteres ist von besonderer Bedeutung, da die Aufgaben nach der Einführungsvorlesung von 2019 in ein Onlinesystem überführt werden sollen, mit

---

[4] Alle Berechnungen wurden mit dem Programm R (R Core Team, 2020) unter Verwendung des Paketes psych (Revelle, 2019) durchgeführt.

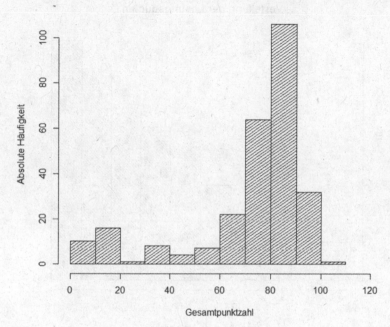

Abbildung 7: Verteilung der Punktsumme

dem sämtliche Studierende der Lehrämter Mathematik ihre didaktischen Grundfä-
higkeiten auffrischen können. Eine allzu hohe Schwierigkeit der Aufgaben würde
dem Ziel widersprechen, dass die Aufgaben tatsächlich Grundwissen und -fähigkei-
ten der Mathematikdidaktik darstellten. Allerdings sollten sie andererseits nicht
so leicht sein, dass sie keine Übungsherausforderung darstellten.

Die Abbildung 8 zeigt die Verteilung der Lösungsquoten der Aufgaben. Man
erkennt, dass von wenigen sehr schweren Aufgaben aus die Anzahl der Aufgaben
mit höheren Lösungsquoten ansteigt. Auch dieses Diagramm spricht dafür, dass
die Aufgaben angemessen sind, um zur Wiederholung von Grundlagenfähigkeiten
eingesetzt zu werden.

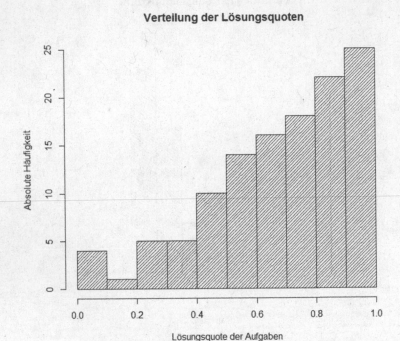

Abbildung 8: Verteilung der Lösungsquoten der 120 Aufgaben

3.4 Evaluation der Testaufgaben in der Einführungsvorlesung

Für die Evaluation der Testaufgaben wurden die Teilnehmerinnen und Teilnehmer der Vorlesung „Einführung in die Didaktik der Mathematik" des Sommersemesters 2018 und 2019 zur Akzeptanz der Studienleistung befragt. Im Sommersemester 2018 wurden schriftliche Ausarbeitungen eingesetzt, im Sommersemester 2019 die Onlineaufgaben des Projektes. Beiden Gruppen wurde in einer Onlineumfrage jeweils die andere Möglichkeit vorgestellt, d. h. den Teilnehmerinnen und Teilnehmer aus dem Sommersemester 2018 wurden die Onlineaufgaben und denen aus dem Sommersemester 2019 die Vorgaben zur Erstellung der schriftlichen Ausarbeitung vorgelegt. Anschließend wurden sie gefragt, ob sie lieber bei der Form der Studienleistung geblieben wären, die sie in ihrem Semester erfüllen mussten, oder ob sie lieber zur anderen Form gewechselt wären.

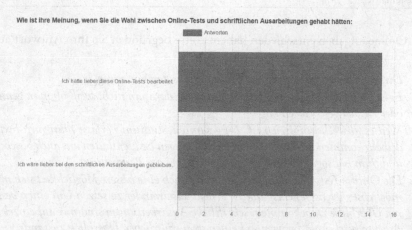

Abbildung 9: Akzeptanzumfrage zur Studienleistung 2018

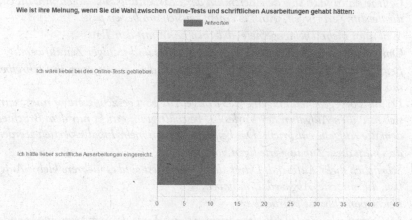

Abbildung 10: Akzeptanzumfrage zur Studienleistung 2019

Die Grafiken 9 und 10 zeigen einen deutlichen Unterschied zwischen den Semestern. Im Sommersemester 2018 wäre eine Mehrheit gern von schriftlichen Ausarbeitungen auf Onlineaufgaben umgestiegen; im Sommersemester 2019 wäre eine (sehr deutliche) Mehrheit bei den Onlineaufgaben geblieben. Damit wird den im Rahmen des Projektes erstellten Aufgaben eine hohe Akzeptanz bescheinigt.

Die Gruppe des Sommersemesters 2019 wurde weiterhin gefragt, aus welchen Gründen sie ihre Entscheidung für die jeweilige Form der Studienleistung getroffen hätten. Die folgende Liste gibt die Antworten derer an, die sich für einem Verbleib bei Onlineaufgaben entschieden haben: „Bitte begründen Sie Ihre Antwort auf die vorangegangene Frage.“

- *Direkte Leistungsüberprüfung vom Stoff aus der Vorlesung*
- *Es ist angenehmer als eine Ausarbeitung bei der man nicht weiß ob man genug oder zu viel geschrieben hat*
- *Weil es abwechslungsreich ist. Im gesamten Studium verfasst man nur Texte, deshalb kommen uns solche Online Test entgegen bzw. entlasten uns auch bisschen und man hat sogar ab und zu Spaß gehabt bei der Bearbeitung.*
- *Die Online-Tests bieten meiner Meinung nach eine bessere Möglichkeit sich mit möglichst vielen Gesichtspunkten erneut auseinander zu setzen Um einen besseren Überblick zu bekommen. schriftliche Ausarbeitungen sind nur auf einzelne Aspekte beschränkt bringen so keinen so ausführlichen Überblick zustande.*
- *Zeitlich flexibel*
- *Online kann man sich den Zeitraum der Bearbeitung auswählen und die Studienleistung erbringen, wann es einem zeitlich am besten passt.*
- *Weil man mehr Themengebiete abdecken kann mit den Tests*
- *Online Tests sind gut zum Erlernen des Inhaltes und weniger Zeitaufwendig.*
- *Bei dem Onlinetest kann man selber entscheiden, wann man ihn schreiben möchte.*
- *Da aus vorgegebenen Fragen eine richtige Antwort gesucht werden muss, wird sich mit allen Aufgaben der Vorlesung beschäftigt und nicht nur dem Bruchteil, dem die Aufgabe entspricht. Das heißt, es können mehr Inhalte vertieft werden*
- *dass man diese Zuhause erledigen konnte*
- *Schriftlich mehr Aufwand. Durch den Online-Test sind es mehrere kleine Aufgaben, die ein festes Abgabedatum haben.*
- *Leicht von zuhause bearbeitbar*
- *Man setzt sich mit den Inhalten nicht erst am Ende des Semesters auseinander, wie wenn man für eine Klausur lernt, sondern verteilt über das Semester.*
- *Dass sie online durchgeführt werden könnten*
- *Die Online-Tests hatten interessante Fragen, die von der Schwierigkeitsstufen angemessen waren.*
- *Die Art der Studienleistung ist mal etwas anderes und man wiederholt den Inhalt gut, da es zwar machbare Aufgaben sind, aber auch nicht gelöst werden können, ohne den Stoff zu wiederholen.*
- *Wiederholungsmöglichkeit. Anreiz, sich mit den Themen zu beschäftigen.*
- *Es war sehr angenehm ohne Zeitdruck und in einem selbstgewähltem Umfeld sich mit den Fragen der Studienleistung auseinander setzen zu können.*

- *Eine angenehme Art und Weise die S. Leistung zu erhalten. Man konnte es in ruhe ohne Stress von zu Hause tun. Es kam bei mir keine Prüfungspanik auf*
- *mehr Themengebiete werden durch die Fragen angesprochen*
- *Online Tests die alle x Wochen geschrieben werden, sind für uns Studenten angenehmer als noch eine zusätzliche Klausur während der Klausurenphase.*
- *Man musste den ganzen Stoff wiederholen und nicht nur ausgewählte Aspekte*
- *so war man flexibel*
- *Die online Tests sind für mich zeitlich besser machbar*
- *Online-Test ist vielfältiger, spricht mehr Themen der Vorlesung an*
- *Dadurch beschäftigt man sich mit allen Themen gleichermaßen.*

Zusammenfassend kann man sagen, dass vor allem die folgenden Gründe für Onlineaufgaben genannt werden:

1. Die Onlinetests decken die Inhalte der Vorlesung breiter ab als schriftliche Ausarbeitungen.

2. Die Onlinetests erlauben eine eigenständige, zeitlich flexible Bearbeitung im Laufe des Semesters.

3. Die Onlinetests sind begrüßenswerte alternative Formen der Bewertung statt der üblichen schriftlichen Ausarbeitung oder Klausuren, die das Studium dominieren.

Die Gründe 2 und 3, die vor allem auf das Onlineformat abzielen, sind erfreulich. Aus Sicht der Projektziele ist jedoch der Grund Nr. 1 der wichtigste, dass nämlich Onlineaufgaben den Inhalt der Einführungsveranstaltung breiter abdecken als schriftliche Ausarbeitungen. Dieser Grund ist insbesondere wichtig, da die Aufgaben so dem inhaltlichen Maßstab gerecht werden, den ein Übungssystem erfüllen sollte, das während des gesamten Studiums bereitstehen soll, um jederzeit mathematikdidaktische Grundlagen wiederholen zu können.

In den Fällen, in denen statt der Onlineaufgaben schriftliche Ausarbeitungen bevorzugt wurden, wurden die folgenden Gründe angegeben:

- *Teilweise waren die Fragen sehr schwer zu beantworten.*
- *Sie waren sehr zeitaufwendig*
- *Die Fragen waren häufig uneindeutig und es gab eigentlich mehr als eine Lösung (meine Meinung)*
- *Die Beantwortung der Tests hat teilweise mehrere Stunden gedauert. Obwohl ich die Veranstaltung regelmäßig besucht habe, konnte ich die Tests nicht gut absolvieren.*

- *Bei einer schriftlichen Ausarbeitung habe ich andere Möglichkeiten der Recherche. Ich habe mehr Zeit zum Überdenken und ggf. Verbesserungen. Wenn ich mir selbst eine Aufgabe ausdenken sollte, bin ich der Meinung, dass dieses Vorgehen und daraus lernen besser im Gedächtnis verknüpft wird.*
- *Die Fragen waren teilweise uneindeutig, sodass man teilweise keine eindeutige Antwort auswählen konnte. Zudem war der Aufwand um die Fragen zu beantworten sehr hoch, da wir, obwohl wir in einer Gruppe an den Aufgaben gearbeitet haben, trotzdem immer mehrere Stunden daran gearbeitet haben.*

Bei den negativen Antworten kann man v. a. drei Argumentationsstränge erkennen:

1. Die Aufgaben waren zu schwer.

2. Die Bearbeitung war zu zeitaufwendig.

3. Manche Fragen waren missverständlich formuliert.

Der Grund 1 dürfte nur für einen geringen Teil der Teilnehmerinnen und Teilnehmer zutreffen. Die obenstehende statistische Analyse der Aufgaben hat gezeigt, dass sie für den überwiegenden Teil der Personen keine allzu große Hürde darstellen. Die Abbildung 8 zeigt, dass der weitaus überwiegende Teil der Aufgaben hohe Lösungsquoten hat; in der Abbildung 7 kann man erkennen, dass die meisten Teilnehmerinnen und Teilnehmer (genauer: 242 von 271) die erforderlichen 50 Punkte erreicht haben, um die Studienleistung durch Bearbeitung der Onlineaufgaben zu erfüllen.

Was den Zeitaufwand angeht, so findet man in den Log-Dateien der Onlinebearbeitung nur einige wenige Fälle, bei denen die Bearbeitung mehr als eine Stunde (pro Themenblock) gedauert hat.

Der Grund 3 – Missverständliche Formulierungen – wird bei der Überarbeitung der Aufgaben berücksichtigt und hat wertvolle Anregungen gegeben.

4 Aufbau des Onlineübungssystems

Von Anfang an waren die Onlineaufgaben mit einer doppelten Funktion angelegt worden, nämlich zum einen zum Erwerb der Studienleistung in der Einführungsvorlesung und zum anderen mit dem Ziel, dass die Onlineaufgaben im universitätsweiten Learnwebsystem als Übungsaufgaben in einem von den Teilnehmerinnen und Teilnehmer selbstständig steuerbaren Kurs eingesetzt werden können, um im gesamten Laufe des mathematischen Lehramtsstudium mathematikdidaktische Grundlagenkenntnisse und -fähigkeiten wiederholen und auffrischen zu können. In der gerade in Ausarbeitung befindlichen neuen Studienordnung soll die Teilnahme an diesem Übungssystem ähnlich wie der Grundlagentest für die fachmathematischen Veranstaltungen Zulassungsvoraussetzung für den Besuch weiterführender Didaktikveranstaltungen werden.

Für den Aufbau des Übungssystems stellte der Einsatz der Aufgaben im Sommersemester 2019 die Pilotierung dar. Die Ergebnisse der Pilotierung sind im Großen und Ganzen durchweg positiv: Die Aufgaben haben – wie berichtet – den gewünschten Schwierigkeitsgrad, decken die Grundlagen der Mathematikdidaktik breit ab, sind inhaltlich konsistent und werden von den Studierenden in einem hohen Maße akzeptiert. Die Überarbeitung der Aufgaben im Laufe des WS 2019/20 richtete sich daher auf Details. Zunächst wurden die oben bereits beschriebenen Auswertungen der Aufgaben und die Auswertung der Evaluation vorgenommen. Anschließend wurden insbesondere zwei Hauptaufgaben der Überarbeitung identifiziert: 1) die Aussagen der Studierenden, dass einige Aufgaben nicht eindeutig formuliert seien; 2) Aufgaben mit ungewöhnlich niedrigen bzw. ungewöhnlich hohen Lösungsquoten. Ergänzend zu den oben dargestellten statistischen Analysen wurden einige Teilnehmerinnen und Teilnehmer der Einführung in die Didaktik der Mathematik zu Interviews eingeladen, um neben der statistischen Auswertung auch eine qualitative Rückmeldung über die Aufgaben zu erhalten. Nach diesen Angaben wurden 18 Aufgaben überarbeitet. Anschließend wurden sämtliche (überarbeitete) Aufgaben in das Learnweb eingepflegt und dem Übungssystem zugänglich gemacht, aus dem weitere Daten aufgrund der dort stattfindenden Bearbeitung der Aufgaben als weitere Anhaltspunkte für die Überarbeitung der Aufgaben benutzt wurden.

5 Zusammenfassende Übersicht und Ausblick

Das Projekt hatte das Ziel, ein onlinebasiertes Übungs- und Testinstrument zum fachdidaktischen Professionswissen aufzubauen und zu evaluieren, dass sich auf mathematikdidaktische Grundlagenkenntnisse und -fähigkeiten bezieht. Es soll dazu dienen, als Testsystem die Erfüllung der Studienleistung in der Veranstaltung „Einführung in die Didaktik der Mathematik" zu ermöglichen und als Übungssystem eine ständige, studienbegleitendende Möglichkeit zu bieten, dieses Wissen und diese Fähigkeiten zu wiederholen.

Diese Ziele wurden erreicht. Es wurden 120 Onlineaufgaben entwickelt, die bereits im Sommersemester 2019 unter inhaltlichen und statistischen Gesichtspunkten gute Eigenschaften aufwiesen und in der Evaluation durch die Studierenden eine hohe Akzeptanz aufzeigten. Im Wintersemester 2019/20 erfolgten Verbesserungen der Aufgaben im Detail und der Aufbau des Übungssystems.

Damit ist allerdings nur ein erster Schritt getan, um die am Anfang dieses Aufsatzes beschriebenen Forschungsfragen zu untersuchen. Dort wurde die Hypothese angesprochen, dass zwischen den drei Wissensbereichen nach Shulman eine hierarchische Abhängigkeit gebe: Das mathematische Fachwissen sei die Voraussetzung zum Erwerb fachdidaktischen Wissens und das fachdidaktische Wissen die Voraussetzung dazu, den Mathematikunterricht erfolgreich gestalten zu können. Der Zusammenhang zwischen Fachwissen und fachdidaktischem Wissen wurde zwar bereits in einigen Studien untersucht (vgl. Blömeke, Kaiser und Lehmann, 2010; Kunter, Baumert, Blum, Klusmann, Krauss und Neubrand, 2011; Künsting, Billich und Lipowsky, 2009; Heinze und Grüßing, 2009). Diese Studien beziehen sich aber nicht auf die Studienphase, sondern auf bereits ausgebildete und berufstätige Lehrpersonen. Mit dem hier vorgestellten Onlinesystem hat man die Möglichkeit, die Entwicklung des fachdidaktischen Wissens während des Studium zu untersuchen. Bettet man das System in das Programm „HiStEMa" (vgl. Hamann, Kreuzkam, Nolting, Schulze und Schmidt-Thieme, 2014) der Universität Hildesheim ein, so bietet sich die Möglichkeit, die Entwicklung des fachdidaktischen Wissens im Zusammenspiel mit dem fachmathematischen Wissen zu verfolgen: Die Studienanfänger nehmen noch vor jedem Kontakt mit universitären Lehrveranstaltungen (freiwillig, aber fast ausnahmslos) an einem mathematischen Eingangstest und einem mathematischen Vorkurs teil, der wiederum mit einem dem Eingangstest vergleichbaren Test abgeschlossen wird. Im ersten Studiensemester besuchen sie ihre erste mathematische Fachvorlesung und nehmen zum ersten Mal am sogenannten Grundlagentest teil, der schulrelevante mathematische Fähigkeiten zum Gegenstand hat. Im zweiten Studiensemester besuchen sie die Einführung in die Didaktik der Mathematik. Zu diesem Zeitpunkt liegen also bereits Testergebnisse zu ihren fachmathematischen Fähigkeiten vor, und zwar drei Ergebnisse zur Schulmathematik (Vorkurs mit Vor- und Nachtest sowie der erste Grundlagentest) und ein Ergebnis zur universitären Mathematik (die Fachvorlesung aus dem ersten Semester). Auf dieser Grundlage soll die Entwicklung des fachdidaktischen Wissens untersucht werden. Die hier vorgestellten Onlineaufgaben stellen dafür das Erhebungsinstrument zur Verfügung.

Literatur

Barbas, Helena (2016). „Der Hamburger MINTFIT Mathetest für MINT-Studieninteressierte". In: *Hanse-Kolloquium zur Hochschuldidaktik der Mathematik 2015*. WTM-Verlag, S. 3–14.

Barzel, Bärbel, Stephan Hußmann und Timo Leuders, Hrsg. (2005). *Computer, Internet & Co. im Mathematikunterricht*. Berlin: Cornelsen Verlag Scriptor GmbH & Co. KG.

Baumann, Astrid (2013). „Mathe-Lücken und Mathe-Legenden – Einige Bemerkungen zu den mathematischen Fähigkeiten von Studienanfängern". In: *Die Neue Hochschule*. Bd. 5. Hochschullehrerbund, S. 150–153.

Becher, Silvia, Rolf Biehler, Pascal Fischer, Reinhard Hochmuth und Thomas Wassong (2013). „Analyse der mathematischen Kompetenzen von Studienanfängern an den Universitäten Kassel und Paderborn". In: *Mathematik im Übergang Schule/Hochschule und im ersten Studienjahr, Extended Abstracts zur 2. khdm-Arbeitstagung*. Hrsg. von Axel Hoppenbrock, Stephan Schreiber, Robin Göller, Rolf Biehler, Bernd Büchler, Reinhard Hochmuth und Hans-Georg Rück, S. 19–20.

Bescherer, Christine (2013). „Arbeitskreis HochschulMathematikDidaktik". In: *Beiträge zum Mathematikunterricht*, S. 1156–1159.

Blömeke, Sigrid, Gabriele Kaiser und Rainer Lehmann (2010). *TEDS-M 2008 - Professionelle Kompetenz und Lerngelegenheiten angehender Mathematiklehrkräfte für die Sekundarstufe I im internationalen Vergleich*. Waxmann.

Bromme, Rainer, Hrsg. (1992). *Der Lehrer als Experte. Zur Psychologie des professionellen Wissens*. Bern: Huber Psychologie-Forschung.

Bruder, Regina, Lisa Hefendehl-Hebeker, Barbara Schmidt-Thieme und Hans-Georg Weigand, Hrsg. (2014). *Handbuch der Mathematikdidaktik*. Berlin, Heidelberg: Springer Spektrum.

Bühner, Markus (2010). *Einführung in die Test- und Fragebogenkonstruktion*. München. Pearson Studium.

de Wiljes, Jan-Hendrik, Tanja Hamann und Barbara Schmidt-Thieme (2016). „Die Hildesheimer Mathe-Hütte – Ein Angebot zur Einführung in mathematisches Arbeiten im ersten Studienjahr". In: *Lehren und Lernen von Mathematik in der Studieneingangsphase – Herausforderungen und Lösungsansätze*. Hrsg. von Axel Hoppenbrock, Rolf Biehler, Reinhard Hochmuth und Hans-Georg Rück. Springer, S. 101–113.

Dougiamas, Martin (1999). https://moodle.org/. URL: https://moodle.org/.

Geser, Guntram (2007). *Open Educational Practices and Resources: OLCOS Roadmap 2012*. Salzburg: Open eLearning Content Observatory Services (OLCOS), Salzburg Research, EduMedia Group.

Hamann, Tanja, Stephan Kreuzkam, Daniel Nolting, Heidi Schulze und Barbara Schmidt-Thieme (2014). „HiStEMa: Das erste Studienjahr. Hildesheimer Stufen zum Einstieg in die Mathematik". In: *Beiträge zum Mathematikunterricht 2014*. Hrsg. von Jürgen Roth und Judith Ames. Bd. 2. WTM-Verlag, S. 1351–1352.

Hamann, Tanja, Stephan Kreuzkam, Barbara Schmidt-Thieme und Jürgen Sander (2014). „„Was ist Mathematik?" Einführung in mathematisches Arbeiten und Studienwahlüberprüfung für Lehramtsstudierende". In: *Mathematische Vor- und Brückenkurse: Konzepte, Probleme und Perspektiven*. Hrsg. von Isabell Bausch, Rolf Biehler, Regina Bruder, Pascal R. Fischer, Reinhard Hochmuth, Wolfram Koepf, Stephan Schreiber und Thomas Wassong. Springer, S. 375–387.

Heintz, Gaby (2003). „Selbstständiges Lernen in einer medialen Lernumgebung". In: *Mathematikdidaktik – Praxishandbuch für die Sekundarstufe I und II*. Hrsg. von Timo Leuders. Berlin: Cornelsen Verlag Scriptor GmbH & Co. KG, S. 246–262.

Heinze, Aiso und Meike Grüßing (2009). *Mathematiklernen vom Kindergarten bis zum Studium: Kontinuität und Kohärenz als Herausforderung für den Mathematikunterricht*. Waxmann.

Hoppenbrock, Axel, Rolf Biehler, Reinhard Hochmuth und Hans-Georg Rück, Hrsg. (2016). *Lehren und Lernen von Mathematik in der Studieneingangsphase – Herausforderungen und Lösungsansätze*. Wiesbaden: Springer Spektrum.

Kallweit, Michael, Sebastian Krusekamp, Christoph Neugebauer und Kathrin Winter (2016). „Mathematische Online-Self-Assessments zur frühzeitigen Diagnose und Förderung von Grundlagenkenntnissen". In: *Hanse-Kolloquium zur Hochschuldidaktik der Mathematik 2015*. WTM-Verlag, S. 140–149.

Krauthausen, Günther (2018). *Einführung in die Mathematikdidaktik — Grundschule*. 4. Berlin: Springer Spektrum.

Kreuzkam, Stephan (2013). „Mangel an mathematischen Routinefertigkeiten – Basiswissen Mathematik". In: *Beiträge zum Mathematikunterricht 2013*. Hrsg. von Gilbert Greefrath, Friedhelm Käpnick und Martin Stein. Bd. 1. WTM-Verlag, S. 564–567.

Künsting, Josef, Melanie Billich und Frank Lipowsky (2009). „Der Einfluss von Lehrerkompetenzen und Lehrerhandeln auf den Schulerfolg von Lernenden". In: *Lehrprofessionalität. Bedingungen, Genese, Wirkungen und ihre Messung*. Hrsg. von Olga Zlatin-Troitscjanskaia, Klaus Beck, Detlef Sembill, Reinhold Nickolaus und Regina Mulder. Beltz, S. 655–667.

Kunter, Mareike, Jürgen Baumert, Werner Blum, Uta Klusmann, Stefan Krauss und Michael Neubrand (2011). *Professionelle Kompetenz von Lehrkräften: Ergebnisse des Forschungsprogramms COACTIV*. Waxmann.

Nolting, Daniel und Stephan Kreuzkam (2014). „Förderung mathematischer Fertigkeiten im Lehramtsstudium durch computerbasierten Grundlagentest". In: *Beiträge zum Mathematikunterricht 2014*. Hrsg. von Jürgen Roth und Judith Ames. Bd. 2. WTM-Verlag, S. 859–862.

R Core Team (2020). *R: A Language and Environment for Statistical Computing*. R version 4.0.0. R Foundation for Statistical Computing. Wien. URL: `https://www.R-project.org/`.

Reiss, Kristina und Christoph Hammer (2012). *Grundlagen der Mathematikdidaktik: Eine Einführung für den Unterricht in der Sekundarstufe*. Basel: Birkhäuser Springer Basel AG.

Revelle, William (2019). *psych: Procedures for Psychological, Psychometric, and Personality Research*. R package version 1.9.12. Northwestern University. Evanston, Illinois. URL: `https://CRAN.R-project.org/package=psych`.

Schwenk-Schellschmidt, Angela (2013). „Mathematische Fähigkeiten zu Studienbeginn, Symptome des Wandels – Thesen zur Ursache". In: *Die Neue Hochschule*. Bd. 1. Hochschullehrerbund, S. 26–29.

Shulman, Lee S. (1986). „Those who understand: Knowledge growth in teaching". In: *Educational Researcher* 15, S. 4–14.

– (1987). „Knowledge and teaching: foundations of the new reform". In: *Harvard Educational Review* 57, S. 1–22.

Steiner, Elisabeth und Michael Benesch (2018). *Der Fragebogen: Von der Forschungsidee zur SPSS-Auswertung*. Wien. facultas Universitätsverlag.

Zech, Friedrich (2002). *Grundkurs Mathematikdidaktik – Theoretische und praktische Anleitungen für das Lehren und Lernen von Mathematik*. 10. unveränderter Nachdruck der 8. Auflage von 1996. Weinheim und Basel: Beltz Verlag.

Grenzwert und Stetigkeit – Was am Ende (des Studiums) übrig bleibt

Katharina Skutella und Benedikt Weygandt

Abstract *Lehramtsstudierende der Mathematik erleben sowohl den Übergang von der Schule zur Hochschule zu Beginn ihres Studiums als auch den Übergang von der Hochschule zur Schule am Ende ihres Studiums als Bruchstellen, Schulmathematik und universitäre Mathematik werden als zwei voneinander getrennte Welten wahrgenommen. Entsprechend fällt es zukünftigen Lehrkräften schwer, die universitäre Mathematik im eigenen Mathematikunterricht gewinnbringend zu nutzen. Vor diesem Hintergrund stellt sich die Frage, inwiefern die mathematischen Inhalte des Studiums zu einem nachhaltig erworbenen Begriffsverständnis führen. Dieser Beitrag stellt zwei diagnostische Tests zum mathematischen Begriffsverständnis vor, welche mit Bachelor- und Masterstudierenden des Lehramts Mathematik durchgeführt wurden. Diese Tests behandeln die für die Analysis zentralen Begriffe Grenzwert und Stetigkeit und adressieren neben der klassischen Anwendung und Begründung auch Aspekte wie die Visualisierung einer Definition, typische (Fehl-)Vorstellungen zu den Begriffen, die Einbettung in das Begriffsnetz sowie Bezüge zu Inhalten der Schulmathematik. Im Beitrag werden die bei der Testentwicklung verwendeten Aspekte und resultierenden Testaufgaben vorgestellt. Anschließend werden die Bearbeitungen der Studierenden analysiert, typische Fehlerquellen identifiziert und daraus Rückschlüsse gezogen auf die Nachhaltigkeit der derzeitigen Fachausbildung im Lehramtsstudium Mathematik.*

1 Einleitung

Wer ein Mathematikstudium aufnimmt, besucht in der Anfangsphase in der Regel eine Analysisvorlesung und begegnet dort einer Mathematik, welche, anders als die Schulmathematik, durch einen hohen Grad an Abstraktion, Präzision und Formalismus geprägt ist. Aus der Schule vermeintlich vertraute Begriffe, wie z. B. der Begriff der Ableitung, werden in abstrakter und dadurch entfremdeter Form neu eingeführt. Statt auf Anschaulichkeit, Anwendungsbezug und Problemorientierung setzt die Hochschulmathematik beim Erlernen neuer Begriffe auf ein streng axiomatisch-deduktives Vorgehen. Das hierzu benötigte aussagenlogische Fundament mit seiner Quantorenschreibweise erschwert zudem diesen Zugang. Schul- und hochschulmathematische Konzepte und Sichtweisen in Einklang zu bringen, stellt die Studierenden vor eine große Herausforderung. Insbesondere Studierende des Lehramts sind hierdurch oftmals überfordert, da sie neben der Fachmathematik zusätzlich erziehungswissenschaftliche, fachdidaktische und fachliche Module (auch im zweiten Unterrichtsfach) zu bewältigen und dadurch zwangsläufig weniger Zeit und Kapazität für das Erlernen mathematischer Arbeits- und Denkweisen haben. Hefendehl-Hebeker (2013, S. 4) schreibt hierzu:

> Fachveranstaltungen, die in Bezug auf Inhalt und Abstraktionsniveau anspruchsvoll sind und keinen Bezug zur vorgestellten Berufspraxis erkennen lassen, rufen schnell Sinnfragen auf den Plan: „Wozu sollen wir das lernen, wenn wir doch 'nur' Lehrer(in) werden wollen?"

In den ersten Wochen einer Analysisvorlesung werden in der Regel der Grenzwert- und anschließend der Stetigkeitsbegriff eingeführt, bilden sie doch die analytische Basis für die Entwicklung des Ableitungs- und Integralbegriffs. Im aktuellen Schulunterricht spielen die Themen *Grenzwert* und *Stetigkeit* eine untergeordnete Rolle und werden meist nur noch anschaulich-propädeutisch unterrichtet. Jedoch sind beide Konzepte implizit von hoher Relevanz für den Mathematikunterricht; und auch unter Hochschullehrenden herrscht Konsens, dass solche intuitiv-propädeutische Vorstellungen zur Aufnahme eines mathematikhaltigen Studiums notwendig sind (vgl. Pigge, Neumann und Heinze, 2019, S. 32).

In der Eingangsphase des Mathematikstudiums stoßen folglich intuitiv-anschauliche Vorstellungen zu Grenzwerten und Stetigkeit auf abstrakt-formale Konzepte und müssen konsolidiert werden. Die Schwierigkeiten, welche Studierende beim Erlernen des Grenzwertbegriffs haben, wurden in der Literatur bereits umfassend diskutiert (vgl. Tall und Vinner, 1981, Bender, 1991, Przenioslo, 2005, Mei und Heitzer, 2017). Das Thema Stetigkeit stellt ebenfalls einen Stolperstein für Studienanfänger*innen dar (siehe auch Wille, 2011, S. 17) – oder wie Tall und Vinner (1981, S. 164) es ausdrücken: „This (…) is truly the bête noire of analysis." In ihrem Aufsatz zu concept image und concept definition thematisieren Tall und Vinner (1981) individuelle Vorstellungen und typische Fehlvorstellungen von Studierenden beim Erlernen des Stetigkeitskonzepts. Fraglich ist, ob es Studierenden des Lehramts Mathematik gelingt, diese Anfangsschwierigkeiten im Rahmen ihrer fachmathematischen Ausbildung zu überwinden und bis zum Ende ihres Studiums zu beiden Begriffen ein tragfähiges Begriffsverständnis zu entwickeln. Anknüpfend an den Titel dieses Beitrags schließt sich die etwas provokativ formulierte Frage nach der Nachhaltigkeit des Mathematikstudiums an: Grenzwert und Stetigkeit – Was bleibt am Ende des Studiums übrig?

In dem vorliegenden Artikel werden zwei fachmathematische Tests zu den Themen *Konvergenz von Folgen* und *Stetigkeit von Funktionen* vorgestellt. Die Testaufgaben unterscheiden sich von den in Analysisvorlesungen üblicherweise verwendeten Übungsaufgaben, welche häufig technisch anspruchsvolle Problemlöseaufgaben sind. Die Testaufgaben sollen vielmehr überprüfen, ob die mathematischen Definitionen verstanden und vollständig durchdrungen wurden. Dass es im Mathematikstudium um mehr als nur bloßes Wissen der Definitionen geht, beschreibt der ehemalige DMV-Vorsitzende Bach (2016, S. 30-31) treffend:

> Es gab und gibt jedoch unter den Hochschullehrenden ein stillschweigendes Einverständnis, dass mit den (...) Inhalten selbstverständlich nicht nur das bloße Wissen ihrer Definition gemeint sei, sondern auch ihre Durchdringung in jeder Hinsicht: ihre Interpretation, ihre Bedeutung, die mit den Begriffen formulierbaren Sätze und ihre Beweise, ihr Zusammenhang mit anderen Begriffen, ihre Grenzen, ihre Verallgemeinerungen und ihre praktische Anwendung.

In diesem Sinne möchten wir mit den Testaufgaben das Begriffsverständnis der Studierenden untersuchen und den folgenden Fragen auf den Grund gehen: Gelingt den Studierenden eine Interpretation der Definition in Form einer angemessenen Visualisierung? Welche Bilder entstehen dabei und wie lassen sie sich deuten? Welche individuellen Vorstellungen, welche typischen Fehlvorstellungen liegen vor? Können die Studierenden die Definitionen praktisch anwenden? Welche mathematischen Sätze sind mit diesem Begriff verknüpft? Können Bezüge zur Schulmathematik hergestellt werden? In dem vorliegenden Artikel werden die beiden Tests und erste Ergebnisse einer Erprobung mit Bachelor- und Masterstudierenden des Sekundarstufenlehramts Mathematik vorgestellt.

2 Begriffsverständnis überprüfen

Um den im vorherigen Abschnitt aufgeworfenen Fragen auf den Grund zu gehen, dienen uns die folgenden Aspekte als Indikatoren in den jeweiligen Bereichen:

- Visualisieren: Gelingt eine graphische Darstellung der mathematischen Definition? Spiegeln diese Darstellungen adäquate Vorstellungen wider?

- Typische Vorstellungen und Fehlvorstellungen: Welche typischen Vorstellungen und Fehlvorstellungen liegen zu dem Begriff vor?

- Anwenden und begründen: Können mathematische Definitionen angewandt und für einfache Begründungen genutzt werden?

- Vernetzen: Können zentrale mathematische Sätze abgerufen werden, die mit dem Begriff in Zusammenhang stehen?

- Bezug zur Schulmathematik: Können Bezüge zu passenden Inhalten der Schulmathematik hergestellt werden?

2.1 Visualisieren

Das Nutzen unterschiedlicher Darstellungen und das Übersetzen von einer in die andere Darstellungsebene ist sowohl in der Schule als auch in der Hochschulmathematik prozessbezogenes Lernziel (Pigge, Neumann und Heinze, 2019, S. 34) und zentrales Element beim Aufbau eines konzeptuellen Begriffsverständnisses; oder wie Duval (2006, S. 128) es beschreibt: „Changing representation register is the threshold of mathematical comprehension for learners at each stage of the curriculum." Im Rahmen des Tests wird ein solcher Darstellungswechsel von der sprachlich-symbolischen hin zur graphischen Ebene verlangt.

Forschungsfrage 1: Gelingt es den Studierenden des Lehramts Mathematik, die Definition von Konvergenz respektive Stetigkeit graphisch zu visualisieren? Sowie daran anschließend die Fragen: Welche Interpretationen lassen die Visualisierungen der Studierenden zu? Lassen sich aus den Visualisierungen Rückschlüsse auf Vorstellungen und mögliche Fehlvorstellungen der Studierenden ziehen?

2.2 Typische Vorstellungen und Fehlvorstellungen

Tall und Vinner (1981) widmen sich in ihrer grundlegenden Arbeit zu concept image und concept definition den beiden Themen *Grenzwerte* und *Stetigkeit* und gehen der Frage nach, welche individuellen Vorstellungen (concept image) Studierende zu Beginn des Mathematikstudiums mitbringen und zeigen Konfliktfelder auf, die sich bei einem informellen, praktisch ausgerichteten schulischen Zugang zur Analysis ergeben können. Ein solcher Konflikt ist etwa die unter Lernenden verbreitete Vorstellung, dass die Folgenglieder einer konvergenten Folge ihrem Grenzwert immer näher kommen, diesen jedoch nicht erreichen dürfen. Diese dynamische Sicht ist Mei und Heitzer (2017, S. 3) zufolge im Schulunterricht vorherrschend, beispielsweise bei Grenzwertüberlegungen zum Differenzenquotienten, und damit auch prägend für die konzeptuelle Begriffsentwicklung angehender Mathematikstudierender. Der dynamischen Sichtweise steht die statische Sichtweise gegenüber, welche an die hochschulmathematische Definition des Grenzwerts angelehnt ist: „Egal, wie klein bzw. dünn man eine Umgebung bzw. Schranke um den

Grenzwert legt, abgesehen von einem endlichen Anfangsstück liegt das gesamte Reststück der Zahlenabfolge innerhalb dieser Umgebung" (Mei und Heitzer, 2017, S. 4). Eine detaillierte Analyse dieser und weiterer typischer Fehlvorstellungen zur Konvergenz findet sich darüber hinaus auch bei Ostsieker (2019). Die Verwendung von Quantoren in mathematischen Definitionen stellen eine zusätzliche Hürde beim Erlernen mathematischer Konzepte und beim Nachvollziehen formaler Beweise dar (vgl. Mei und Heitzer, 2017, S. 4). Ein inadäquates Begriffsverständnis und individuell vorhandene Fehlvorstellungen beeinträchtigen und behindern das Erlernen formaler Sichtweisen und Konzepte. Daran anknüpfend gehen wir in dem vorliegenden Beitrag der Frage nach, welche konzeptuellen Vorstellungen von Grenzwerten Studierende des Sekundarstufenlehramts Mathematik nach Abschluss der Vorlesung Analysis I und zum Ende ihres Masterstudiums haben.

Forschungsfrage 2: Welche typischen Vorstellungen und Fehlvorstellungen zum Grenzwertbegriff liegen vor? Und daran anschließend die Fragen: Können die aus der Schule mitgebrachten anschaulich-propädeutischen Vorstellungen zum Grenzwertbegriff im Verlauf des Mathematikstudiums adäquat erweitert und können mögliche Diskrepanzen zwischen dynamischer und statischer Sichtweise ausgeräumt werden?

2.3 Anwenden und begründen

Zu einem tragfähigen Begriffsverständnis gehört, dass man den Begriff und dessen Eigenschaften zum Problemlösen nutzen kann (Vollrath, 1984, S. 10). Eine Verinnerlichung der Definition von Stetigkeit zeigt sich also auch darin, ob diese angewandt werden kann. In dem Test adressieren wir diese Kompetenz, indem wir Begründungsaufgaben zur Stetigkeit bzw. Unstetigkeit integrieren. Diese überprüfen den kompetenten Umgang mit den hochschultypischen, formalen Definitionen zur Stetigkeit im Kontext elementarer Funktionen (linear bzw. abschnittsweise konstant).

Forschungsfrage 3: Können mathematische Definitionen der Stetigkeit angewandt werden, um elementare Funktionen auf Stetigkeit respektive Unstetigkeit zu überprüfen?

2.4 Vernetzen

Begriffslernen ist kein Selbstzweck. Mathematische Begriffe stehen im Zusammenhang mit wichtigen mathematischen Aussagen und sind in ein sachlogisches Begriffsnetz integriert. In der Hochschule dominiert ein axiomatisch-deduktives Vorgehen beim Erlernen zentraler Begriffe und Sätze: Mathematische Aussagen stehen in Beziehung zu anderen mathematischen Aussagen, mathematische Definitionen greifen zurück auf vorab wohldefinierte Begriffe und neue mathematische Begriffe lassen sich stets in die deduktiv-geordnete Welt der Mathematik einordnen. Zu einem tragfähigen Begriffsverständnis gehört, dass man solche „Beziehungen des Begriffs zu anderen Begriffen aufzeigen [kann], also Vorstellungen über das Begriffsnetz [ausbildet]" (Weigand, 2014, S. 99). Insbesondere sollten Mathematikstudierende zum Ende ihres Studiums zu einem mathematischen Begriff zentrale mathematische Aussagen abrufen und idealerweise auch Beziehungen zu anderen mathematischen Konzepten aufzeigen können.

Forschungsfrage 4: Können Studierende zentrale mathematische Aussagen zu den Begriffen Konvergenz einer Folge und Stetigkeit wiedergeben? Und weiterführend: Sind diese Begriffe in ein sachlogisches Begriffsnetz integriert?

2.5 Bezug zur Schulmathematik

Ein häufig beklagter Umstand ist, dass Studierende des Lehramts Mathematik in der Hochschulmathematik keinen Bezug zur Schulmathematik erkennen und daher auch die Sinnhaftigkeit von mathematischen Fachveranstaltungen infrage stellen (Hefendehl-Hebeker, 2013). Obwohl *Folgen* (und deren Konvergenz) und *Stetigkeit* in der Regel nicht explizit im Schulunterricht thematisiert werden, so lassen sich dennoch eine Vielzahl von Beziehungen zur Schulmathematik herstellen (vgl. Greefrath, Oldenburg, Siller, Ulm und Weigand, 2016, S. 83). Folgen dienen dabei als „natürliches Instrument zur Beschreibung iterativer Prozesse" (Danckwerts und Vogel, 2006, S. 17). Exemplarisch genannt seien hier die Approximation von $\sqrt{2}$ bzw. π oder allgemeiner die Zahlbereichserweiterung von den rationalen zu den reellen Zahlen im Mathematikunterricht der Sekundarstufe I, aber auch die Entwicklung des Ableitungs- und Integralbegriffs in der Sekundarstufe II. Das Thema Stetigkeit von Funktionen wird ebenfalls nicht explizit im aktuellen Mathematikunterricht thematisiert. Bei den im Unterricht behandelten Funktionsklassen handelt es sich jedoch bis auf wenige Ausnahmen um stetige Funktionen. Ferner wird die Stetigkeit einer Funktion teilweise stillschweigend vorausgesetzt wie etwa beim Hauptsatz der Differenzial- und Integralrechnung oder gar implizit nachgewiesen wie etwa bei Grenzwertbetrachtungen zum Differenzenquotienten.

Forschungsfrage 5: Können Studierende am Beispiel der Themen Konvergenz von Folgen und Stetigkeit Bezüge zu passenden Inhalten der Schulmathematik herstellen?

3 Vorstellung der Testaufgaben

Im Rahmen der vorliegenden Arbeit wurden zwei fachmathematische Tests entwickelt und erprobt. Im Folgenden werden zunächst die Testaufgaben zum Thema Konvergenz von Folgen (siehe Abbildung 1), anschließend die Testaufgaben zum Thema Stetigkeit (siehe Abbildung 2) vorgestellt.

Definition (Konvergenz einer Zahlenfolge): Die reelle Folge $(a_n)_{n \in \mathbb{N}}$ konvergiert gegen $a \in \mathbb{R}$, falls gilt: Für alle $\varepsilon > 0$ existiert ein $n_0 \in \mathbb{N}$, so dass für alle $n \geq n_0 : |a_n - a| < \varepsilon$.

Aufgabe 1   Visualisieren

Was stellen Sie sich unter der Definition vor? Zeichnen Sie ein Bild, welches diese Definition verständlich veranschaulicht.

Aufgabe 2   Typische Vorstellungen und Fehlvorstellungen

Entscheiden Sie bei den folgenden Aussagen jeweils, ob diese wahr bzw. falsch sind und geben Sie eine Begründung bzw. ein Gegenbeispiel an.

1. Eine konvergente Folge kommt ihrem Grenzwert beliebig nah, erreicht ihn aber nicht.

2. a ist Grenzwert der Folge $(a_n)_{n \in \mathbb{N}}$, wenn jede ε-Umgebung von a unendlich viele Folgenglieder enthält.

3. Bei einer konvergenten Folge $(a_n)_{n \in \mathbb{N}}$ mit Grenzwert a wird der Abstand zwischen den Folgengliedern und ihrem Grenzwert in jedem Schritt kleiner (oder bleibt gleich), es gilt also:
$$|a_{n+1} - a| \leq |a_n - a| \, \forall n \in \mathbb{N}.$$

4. Es gilt: $0,\overline{9} = 1$

Aufgabe 3   Vernetzen

Welche zentralen Sätze über reelle Folgen dürfen in keinem Skript zur Analysis I fehlen? Geben Sie mindestens drei Aussagen mathematischer Sätze wieder, die Ihnen rund um das Thema Folgen einfallen.

Aufgabe 4   Bezug zur Schulmathematik

Was hat das Thema Folgen eigentlich mit der Schulmathematik zu tun? Nennen Sie Beispiele aus dem Mathematikunterricht, bei denen Folgen (implizit) eine Rolle spielen, und erläutern Sie kurz den Zusammenhang.

Abbildung 1: Test zur Konvergenz von Folgen.

Beide Tests sind analog aufgebaut und unterscheiden sich konzeptionell lediglich in der zweiten Aufgabe. Die entwickelten Aufgaben lassen sich entsprechend ihrer Zielsetzung jeweils einer der in Abschnitt 2 formulierten Forschungsfragen

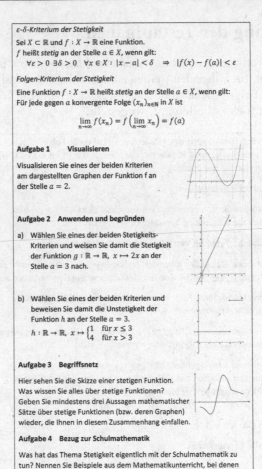

ε-δ-Kriterium der Stetigkeit

Sei $X \subset \mathbb{R}$ und $f : X \to \mathbb{R}$ eine Funktion.
f heißt *stetig* an der Stelle $a \in X$, wenn gilt:
$$\forall \varepsilon > 0 \ \exists \delta > 0 \ \ \forall x \in X : |x - a| < \delta \ \ \Rightarrow \ \ |f(x) - f(a)| < \varepsilon$$

Folgen-Kriterium der Stetigkeit

Eine Funktion $f : X \to \mathbb{R}$ heißt *stetig* an der Stelle $a \in X$, wenn gilt:
Für jede gegen a konvergente Folge $(x_n)_{n \in \mathbb{N}}$ in X ist

$$\lim_{n \to \infty} f(x_n) = f\left(\lim_{n \to \infty} x_n\right) = f(a)$$

Aufgabe 1   Visualisieren

Visualisieren Sie eines der beiden Kriterien
am dargestellten Graphen der Funktion f an
der Stelle $a = 2$.

Aufgabe 2   Anwenden und begründen

a)   Wählen Sie eines der beiden Stetigkeits-
     Kriterien und weisen Sie damit die Stetigkeit
     der Funktion $g : \mathbb{R} \to \mathbb{R}, \ x \mapsto 2x$ an der
     Stelle $a = 3$ nach.

b)   Wählen Sie eines der beiden Kriterien und
     beweisen Sie damit die Unstetigkeit der
     Funktion h an der Stelle $a = 3$.
$$h : \mathbb{R} \to \mathbb{R}, \ x \mapsto \begin{cases} 1 & \text{für } x \leq 3 \\ 4 & \text{für } x > 3 \end{cases}$$

Aufgabe 3   Begriffsnetz

Hier sehen Sie die Skizze einer stetigen Funktion.
Was wissen Sie alles über stetige Funktionen?
Geben Sie mindestens drei Aussagen mathematischer
Sätze über stetige Funktionen (bzw. deren Graphen)
wieder, die Ihnen in diesem Zusammenhang einfallen.

Aufgabe 4   Bezug zur Schulmathematik

Was hat das Thema Stetigkeit eigentlich mit der Schulmathematik zu
tun? Nennen Sie Beispiele aus dem Mathematikunterricht, bei denen
Stetigkeit (implizit) eine Rolle spielt, und erläutern Sie kurz den
Zusammenhang.

Abbildung 2: Test zur Stetigkeit.

zuordnen. Die Übersicht (siehe Tabelle 1) verdeutlicht, in welcher Weise die
Testaufgaben mit den Forschungsfragen korrespondieren.

     Die Ergebnisse der Testauswertung und deren Diskussion befinden sich in
Abschnitt 4, während in Abschnitt 5, ein abschließendes Fazit gezogen wird.

	Test 1: Konvergenz von Folgen	Test 2: Stetigkeit
1 Visualisieren	Aufgabe 1	Aufgabe 1
2 Typische Vorstellungen und Fehlvorstellungen	Aufgabe 2	
3 Anwenden und begründen		Aufgabe 2
4 Vernetzen	Aufgabe 3	Aufgabe 3
5 Bezug zur Schulmathematik	Aufgabe 4	Aufgabe 4

Tabelle 1: Zuordnung der Testaufgaben zu Themenbereichen und Forschungsfragen.

4 Auswertung der Testbearbeitungen

4.1 Beschreibung der Stichprobe

Mit dem Ziel, die Nachhaltigkeit des fachmathematischen Kompetenzerwerbs bei angehenden Sekundarstufenlehrkräften zu untersuchen, wurden die Tests in einer Veranstaltung am Ende des entsprechenden Masterstudiengangs bearbeitet. Die Studierenden hatten zu diesem Zeitpunkt bereits das Praxissemester absolviert und befanden sich damit kurz vor dem Übergang Hochschule – Schule. Um die Leistungen dieser Studierendengruppe einordnen zu können, wählten wir als Vergleichsgruppe auch Bachelorstudierende des Lehramtsstudiums aus, welche die Fachvorlesung Analysis I vom Studienverlauf her im vorangegangenen Semester belegt hatten. Die beiden Gruppen sind dabei nichtrandomisiert, es handelt sich hier jeweils um Gelegenheitsstichproben derjenigen Teilnehmer*innen, die zu den Erhebungszeitpunkten in den Lehrveranstaltungen anwesend waren. Eine Randomisierung erfolgte einzig bei der Zuteilung der beiden Testvarianten (Folgenkonvergenz und Stetigkeit).

Durchgeführt wurde die Befragung im Rahmen einer studentischen Abschlussarbeit. Die Erhebung wurde während der jeweiligen Lehrveranstaltungszeit durchgeführt, wobei die Teilnehmer*innen nach der Instruktion 20 Minuten Zeit für die Testbearbeitung hatten. Die Teilnahme war freiwillig, insbesondere waren mit einer Nichtteilnahme oder einem Abbruch während der Durchführung keine Nachteile verbunden. Die Datenerhebung erfolgte vollständig pseudonymisiert, an Metadaten wurden Studiengang, Fachsemesterzahl und die Fachkombination des Lehramtsstudiums erhoben. Zudem wurde erfragt, ob die Vorlesung Analysis I bereits erfolgreich belegt wurde, um diese Variable bei der Interpretation der Ergebnisse nicht stillschweigend vorauszusetzen. Die resultierenden Gruppen enthalten $n = 33$ Bachelorstudierende und $n = 24$ Masterstudierende. Insgesamt bearbeiteten 27 der 57 Studierenden die Testvariante zur Folgenkonvergenz und die restlichen 30 Personen jene zur Stetigkeit. Die nachfolgende Tabelle 2 gibt einen Überblick über die Personenanzahl in den einzelnen Gruppen.

	Bachelor	Master	gesamt
Folgenkonvergenz	15	12	27
Stetigkeit	18	12	30

Tabelle 2: Stichprobenumfang, unterteilt nach Studiengang und Testvariante.

Im folgenden Abschnitt 4.2 werden zunächst die Ergebnisse des Tests zum Thema Konvergenz von Folgen vorgestellt und in Abschnitt 4.3 die Ergebnisse des Tests zum Thema Stetigkeit. Eine abschließende Zusammenfassung und Diskussion der Ergebnisse folgt in Abschnitt 5.

4.2 Auswertung des Tests zur Konvergenz von Folgen

Aufgabe 1: Visualisieren

Aufgabe 1 (siehe Abbildung 1) ist offen formuliert und macht gezielt keine weiteren Vorgaben bezüglich der Visualisierung, um das diagnostische Potenzial der Aufgabe zu erhöhen. So sind Darstellungen im Koordinatensystem, auf dem Zahlenstrahl oder auch andere denkbar. Entsprechend zeugen die Ergebnisse von großer Vielfalt und sollen hier nicht in die beiden Kategorien „richtig" oder „falsch" eingeteilt, sondern auf Besonderheiten hin untersucht werden. Eine vollständige und angemessene Visualisierung zeigt Abbildung 3. Alle Elemente der Definition werden adäquat visualisiert. Eine solche Visualisierung gelang sechs der 27 Studierenden (davon vier im Bachelor, zwei im Master).

Nicht bearbeitet wurde die Aufgabe von drei Studierenden. Im Folgenden betrachten wir besondere Merkmale der übrigen 18 Bearbeitungen und richten das Augenmerk auf die Darstellung der ε-Umgebung. Es fällt auf, dass einige Studierende die Umgebung nur „einseitig" einzeichneten wie z. B. in Abbildung 4b. Eine weitere, mehrfach auftretende Ungenauigkeit lässt sich bei der Angabe der Breite des ε-Schlauchs mit ε anstatt 2ε beobachten, wie zum Beispiel in Abbildung 4a. Ferner wird in einigen Lösungen der Graph einer stetigen Funktion (und nicht einer diskreten Zahlenfolge) dargestellt (Abbildung 4c). Obwohl die Visualisierungen in Abbildung 4a-d) nicht eins zu eins die mathematische Definition widerspiegeln, lässt sich in diesen Darstellungen dennoch das Phänomen „Konvergenz einer Folge" erkennen. In diesem Sinne erfassen sie die mathematische Definition mit Einschränkungen.

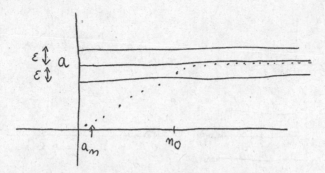

Abbildung 3: Vollständige und adäquate Visualisierung der Definition von Konvergenz einer Folge.

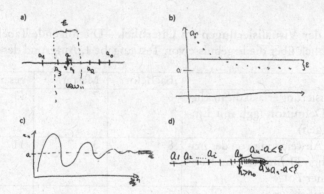

Abbildung 4: Besonderheiten bei der Darstellung der ε-Umgebung in a), b) und d). Darstellung der Folge als Graph einer stetigen Funktion in c).

Ein nicht unerheblicher Teil der Visualisierungen weicht deutlich von der vorgegebenen mathematischen Definition ab. Hier liegt die Vermutung nah, dass kein adäquates Bild von Folgenkonvergenz entwickelt wurde. In Abbildung 5a ist der Graph einer Funktion mit den Koordinatenachsen als Asymptoten dargestellt. Eventuell sind in diesem Fall Vorstellungen über den Grenzwertbegriff bei Funktionen vorhanden, nicht jedoch bei Zahlenfolgen. In Abbildung 5b „entfernen" sich die Folgenglieder mit wachsendem n vom Grenzwert und ε ist als Abstand der ersten beiden Folgenglieder eingezeichnet. In Abbildung 5c ist die Darstellung einer Folge nicht erkennbar, die Beschriftungen lassen auf eine fehlerhafte Interpretation der ε-Umgebung schließen. Abbildung 5d zeigt ε als weiteren Punkt auf der Zahlengerade.

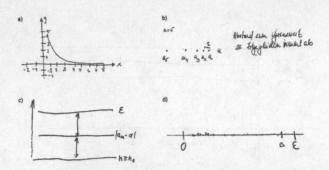

Abbildung 5: Visualisierungen, die deutliche Abweichungen von der mathematischen Definition aufweisen.

Ergebnisse der Visualisierungen im Überblick   Die folgende Tabelle 3 gibt einen Überblick über die Ergebnisse von Testaufgabe 1. Aufgrund des geringen

	Bachelor	Master	gesamt
Die Visualisierung erfasst die mathematische Definition (ggf. mit Einschränkungen)	6	7	13
Deutliche Abweichung von der mathematischen Definition von Konvergenz einer Folge	8	3	11
Keine Visualisierung	1	2	3
gesamt	15	12	27

Tabelle 3: Überblick über die Ergebnisse von Testaufgabe 1 (Konvergenz von Folgen).

Stichprobenumfangs von insgesamt 27 Studierenden lassen sich Ergebnisse nicht verallgemeinern. Dennoch möchten wir die Ergebnisse vor dem Hintergrund der eingangs formulierten Forschungsfrage 1 interpretieren.

- *Gelingt Studierenden des Lehramts Mathematik der Darstellungswechsel von der symbolischen auf die graphische Ebene und können sie adäquate Visualisierungen erstellen?* Die Ergebnisse zeigen, dass mehr als die Hälfte der Studierenden (14 von 27) die Definition der Konvergenz einer Zahlenfolge nicht adäquat darstellen konnte.

- *Welche Interpretationen lassen die Visualisierungen der Studierenden zu? Lassen sich aus den Visualisierungen Rückschlüsse auf Vorstellungen und mögliche Fehlvor-*

stellungen der Studierenden ziehen? Ein gehäuft auftretendes Problem stellt die angemessene Darstellung der ε-Umgebung dar. Dies zeigen die ausgewählten Visualisierungen in Abbildung 4a, Abbildung 4b, Abbildung 5b, Abbildung 5c und Abbildung 5d. Auf dieses Phänomen weist auch Bender (1991, S. 240) hin und führt dies darauf zurück, dass der Betragsterm $|a_n - a| < \varepsilon$ dem Bereich der Arithmetik statt der Topologie zugeordnet und daher häufig nicht als Abstand $d(a_n, a)$ interpretiert wird. Weiterhin deuten einige Zeichnungen darauf hin, dass der Konvergenzbegriff zwar für Funktionen, jedoch nicht für Zahlenfolgen aktiviert werden kann.

Die Darstellungen spiegeln in vielen Fällen eine dynamische Sichtweise wider. Insbesondere die Darstellungen im Koordinatensystem (z. B. Abbildung 3) entsprechen eher einer dynamischen Sichtweise, während die Darstellungen als Punktmenge auf der Zahlengerade (siehe z. B. Abbildung 4a) eher die statische Sichtweise unterstützen (vgl. Mei und Heitzer, 2017, S. 4). Jedoch lassen sich hieraus keine Schlussfolgerungen auf mögliche vorhandene Fehlvorstellungen ziehen. Mehr Aufschluss hierzu geben die Ergebnisse aus Aufgabe 2 desselben Tests (siehe Abschnitt 4.2).

Aufgabe 2: Typische Vorstellungen und Fehlvorstellungen

Aussage 1 *Eine konvergente Folge kommt ihrem Grenzwert beliebig nah, erreicht ihn aber nicht.*

Die Aussage ist falsch und adressiert eine typische Fehlvorstellung. Die Anzahl der entsprechenden Antworten gibt direkten Einblick in die Verbreitung dieser Fehlvorstellung in der Stichprobe: 14 von 27 Personen haben die Aufgabe korrekt beantwortet, von denen immerhin neun Personen auch eine mathematisch passende Begründung angeben konnten (siehe Tabelle 4). Betrachtet man dies separat für die beiden Studiengänge, so fällt auf, dass die Bachelorstudierenden die Aussage überwiegend korrekt als falsche Aussage identifizieren konnten (zehn von 14 Personen), während nur vier der elf Masterstudierenden dazu in der Lage waren. Insgesamt scheint dennoch ungefähr die Hälfte der befragten Studierenden der von dieser Aussage adressierten Fehlvorstellung zuzustimmen – und weiterhin haben anscheinend die meisten dieser Personen (neun von elf, siehe Tabelle 4) das Bild des Grenzwerts als eine nicht zu erreichende Grenze als Teil ihres concept images hinreichend verinnerlicht. Bemerkenswert ist, dass für diese Studierenden durch die Aussage kein kognitiver Konflikt entsteht, ganz im Gegenteil – zum überwiegenden Teil versuchen sie ja, ihre Antwort auch inhaltlich zu begründen. Zum tieferen Verständnis dieser Fehlvorstellung ist es aufschlussreich, einen Blick in die elf Begründungsversuche zu werfen. Darunter finden sich zunächst ganz konkrete Beschreibungen der Fehlvorstellung selbst: „Grenzwert ist ‚Grenze' und

	Antwort korrekt	Antwort falsch	gesamt
adäquat begründet	9	–	9
inadäquat begründet	4	9	13
nicht begründet	1	2	3
gesamt	14	11	25

Tabelle 4: Lösungshäufigkeiten und Anzahl Begründungen zur ersten Aussage.

wird nie erreicht" oder die Folge „befindet sich im Schlauch, erreicht aber nie". Aber selbst der Versuch einer algebraischen Begründung führt zu keinem kognitiven Konflikt: Nach Umstellen der Betragsungleichung zu $a - \varepsilon < a_n < a + \varepsilon$ wird dennoch gefolgert, dass $a_n \neq a$ gelten müsse. Andere Begründungen sind (nur) auf die Vermischung unterschiedlicher Konzepte zurückzuführen, etwa wenn an dieser Stelle Argumente zu Häufungspunkten, Reihen oder Nullfolgen auftreten. Von anderer Qualität ist jedoch eine dritte Klasse von Argumentationen: Die Fehlvorstellung, dass ε den (von n abhängigen) Abstand zwischen einem einzelnen Folgenglied und dem Grenzwert bezeichne – und nicht eine (beliebige, aber feste) obere Schranke für den Abstand aller Folgenglieder darstelle. Diese zwei Fehlvorstellungen unterstützen sich wechselseitig auf kohärente Weise, denn wenn als erste Voraussetzung der Definition $\varepsilon > 0$ gesetzt wird, ε aber zugleich den Abstand zwischen Grenzwert und einem Folgenglied bezeichnet, dann kann dieser Abstand eben nie Null werden und die Folge ihren Grenzwert folglich nie erreichen.

Aussage 2 *a ist Grenzwert der Folge $(a_n)_{n\in\mathbb{N}}$, wenn jede ε-Umgebung von a unendlich viele Folgenglieder enthält.* Von 27 Personen haben 24 diese Aufgabe bearbeitet, jedoch konnten nur neun Personen diese falsche Aussage überhaupt als solche identifizieren. Allerdings war nur eine Student*in in der Lage, hierbei eine passende Begründung anzugeben. Auffällig ist weiterhin, dass bei dieser Aussage – unabhängig vom Studiengang – etwa die Hälfte der Personen ihre Wahl nicht begründet hat (siehe Tabelle 5) und bei den übrigen die abgegebenen Begründungen überdies kaum tragfähig waren. Die Aussage adressiert den konzeptionellen Unterschied zwischen den Begriffen Grenzwert und Häufungspunkt, wobei für Konvergenz die in der Aussage angeführte Bedingung nur notwendig, nicht aber hinreichend ist. Dementsprechend sind unter den Begründungsversuchen der 15 Personen, welche die Aussage für wahr hielten, auch häufig Verweise auf die Definition zu finden (etwa: „Ab n_0 liegen alle drin, also unendlich viele").

	Antwort korrekt	Antwort falsch	gesamt
adäquat begründet	1	–	1
inadäquat begründet	4	8	12
nicht begründet	4	7	11
gesamt	9	15	24

Tabelle 5: Lösungshäufigkeiten und Anzahl Begründungen zur zweiten Aussage.

Aussage 3 *Bei einer konvergenten Folge $(a_n)_{n \in \mathbb{N}}$ mit Grenzwert a wird der Abstand zwischen den Folgengliedern und ihrem Grenzwert in jedem Schritt kleiner (oder bleibt gleich), es gilt also:*

$$|a_{n+1} - a| \leq |a_n - a| \; \forall n \in \mathbb{N}.$$

Diese dritte Aussage basiert auf der Fehlvorstellung, dass mit Konvergenz auch eine Form der Monotonie des Abstandes zwischen einer Folge und ihrem Grenzwert einherzugehen habe. Dass dies nicht so ist, wird beispielsweise ersichtlich, wenn ein einzelnes Folgenglied einer ansonsten konstanten Folge einen anderen Wert aufweist (etwa bei der Folge $(a_n)_{n \in \mathbb{N}}$ mit $a_n = 1$ für $n \neq 2$ und $a_2 = 2$). Diese Verletzung der Monotonie ist weiterhin auch nicht auf einzelne oder endlich viele Stellen beschränkt, wie am Beispiel der Folge $(a_n)_{n \in \mathbb{N}}$ mit $a_n = 0$ für n gerade, und $a_n = 1/n$ für n ungerade ersichtlich wird.

Diese Aussage weist mit zehn von 24 korrekten Einschätzungen eine ähnliche Lösungsquote auf wie die vorherige Aussage, und auch hier wurde nur in der Hälfte der Fälle versucht, eine Begründung zu formulieren (siehe Tabelle 6). Die begründet korrekten Antworten kamen dabei ausschließlich von Masterstudierenden, darunter fanden sich sowohl Varianten der beiden eingangs diskutierten Gegenbeispiele als auch theoretische Argumentationen, etwa: Der Abstand „muss nur kleiner als ε sein, nicht monoton fallen." oder „Innerhalb der ε-Umgebung sind die Folgenglieder beliebig."

Weiterhin gaben von den 14 Studierenden, welche die Aussage fälschlicherweise für wahr hielten, nur vier eine Begründung an. Diese Argumentationen fußten in drei Fällen auf der Fehlvorstellung, dass der Wert eines Folgenglieds mit dessen Abstand zum Grenzwert übereinstimmt (was jedoch nur für den Prototyp nichtnegativer Nullfolgen stimmt) und in einem Fall darauf, dass die Aussage „ähnlich wie [das] Cauchy-Kriterium" aussehe und daher zutreffen müsse.

In drei der fünf korrekt beantworteten, aber unzureichend begründeten Aussagen konnte zudem eine interessante Fehlvorstellung identifiziert werden: Die

	Antwort korrekt	Antwort falsch	gesamt
adäquat begründet	3	–	3
inadäquat begründet	5	4	9
nicht begründet	2	10	12
gesamt	10	14	24

Tabelle 6: Lösungshäufigkeiten und Anzahl Begründungen zur dritten Aussage.

Studierenden widerlegten die Aussage mit dem Argument, dass die genannte Eigenschaft der Monotonie des Abstandes durchaus gelte, allerdings erst ab einer gewissen Schranke: „Folge konvergiert erst ab einem bestimmten Wert. Ab hier konvergiert sie, vorher gilt es nicht", „Das gilt erst ab einem bestimmten n_0 immer." oder „[Die Folge] kann am Anfang stark variieren, muss sich erst ab bestimmtem n_0 annähern." Bei diesen Studierenden ist im concept image zur Folgenkonvergenz verankert, dass vom Verhalten der ersten (endlich vielen) Folgenglieder nicht auf das Konvergenzverhalten geschlossen werden kann. Wenngleich dies ein durchaus wichtiger Aspekt im concept image von Konvergenz ist, wird die Art der Argumentation an dieser Stelle anscheinend unreflektiert verallgemeinert. Eine sich daraus ergebende Überlegung ist, das Testitem entsprechend anzupassen, um die Fehlvorstellung einer notwendigerweise irgendwann auftretenden Monotonie des Abstands zwischen Folge und Grenzwert expliziter zu adressieren.

Aussage 4 *Es gilt:* $0,\bar{9} = 1$

Bei der vierten Aussage sind 17 von 23 Studierenden der Ansicht, dass $0,\bar{9} = 1$ gilt, wobei jedoch sechs Studierende dies nicht entsprechend zu begründen versuchten (siehe Tabelle 7). Die zehn adäquaten Begründungen enthalten größtenteils die Argumentation über $0,\bar{9} = 3 \cdot 1/3 = 1$, vereinzelt aber auch elaboriertere Argumente wie die Nichtexistenz einer Zahl zwischen $0,\bar{9}$ und 1, Betrachtung der absolut konvergenten Reihe $\sum_{k=1}^{\infty} 9/10^k$, der Grenzwert der Folge $((10^n - 1)/10^n)_{n \in \mathbb{N}}$ oder auch die Umformung des Terms $10 \cdot 0,\bar{9} - 0,\bar{9}$ (vgl. auch Deiser, Reiss und Heinze, 2012). Bei der einzigen inadäquat begründeten, korrekten Antwort schrieb die entsprechende Bachelorstudent*in: „Da die Mathematik penibel ist und immer ganz genaue Angaben will, kann ich mir ganz gut vorstellen, dass die Antwort falsch ist, aber für mich ist sie 1." Dies ist dahingehend interessant, als dass diese Anmerkung einen flüchtigen Blick sowohl auf das Mathematikbild als auch das mathematische Selbstkonzept der Student*in offenbart.

Die sechs Studierenden, welche die Aussage für wahr hielten, begründeten dies auch demgemäß, wobei die auftretenden Begründungen jenen der Studierenden in

	Antwort korrekt	Antwort falsch	gesamt
adäquat begründet	10	–	10
inadäquat begründet	1	6	7
nicht begründet	6	0	6
gesamt	17	6	23

Tabelle 7: Lösungshäufigkeiten und Anzahl Begründungen zur vierten Aussage.

der Erhebung von Ostsieker (2019, S. 171) entsprechen. Drei der sechs Studierenden stellen dabei inhaltlich sogar einen Bezug zur Konvergenz her, schlussfolgern anschließend jedoch nicht entsprechend: „$0,\bar{9}$ kommt 1 sehr nahe, erreicht sie aber nicht", „Grenzwert wird nicht erreicht, sondern nur angestrebt" und „Grenzwert ist 1, aber $0,\bar{9} \neq 1$". Hier lässt sich erneut die aus der ersten Aussage bekannte Fehlvorstellung identifizieren, dass eine konvergente Folge ihrem Grenzwert zwar beliebig nahekomme, diesen aber nie erreiche. Die übrigen drei Argumentationen für die Ungleichheit verweisen darauf, dass dies „nur gerundet" gelte, also $0,\bar{9} \approx 1$.

Ergebnisse zur Einordnung von Fehlvorstellungen   Aufgrund der geringen Stichprobengröße von 27 Studierenden lassen sich die nachfolgenden quantitativen Ergebnisse nicht verallgemeinern. Dennoch ist festzuhalten, dass es lediglich einer einzigen Person gelang, alle vier Aussagen korrekt einzuordnen. Zwei Drittel der Studierenden gelang dies nur mit höchstens zwei der Aussagen – sie hätten also durch bloßes Raten nicht schlechter abgeschnitten. Der Mittelwert der Bachelorstudierenden liegt bei $\mu_B = 1.93$ und im Masterstudiengang bei $\mu_M = 1.75$ korrekt eingeordneten Aussagen. In Tabelle 8 sind die Häufigkeitsverteilungen dargestellt, wobei sich diese Zahlen nur auf die korrekte Einordnung der Aussagen beziehen und die Begründungen außen vor lassen.

	Bachelor	Master	gesamt
keine Aussage korrekt eingeordnet	1	2	3
eine Aussage korrekt eingeordnet	5	3	8
zwei Aussagen korrekt eingeordnet	4	3	7
drei Aussagen korrekt eingeordnet	4	4	8
alle vier Aussagen korrekt eingeordnet	1	–	1
gesamt	15	12	27

Tabelle 8: Überblick über die Ergebnisse von Testaufgabe 2 (Konvergenz von Folgen).

Aufgabe 3: Begriffsnetz

Bei der Frage nach relevanten Begriffen und Sätzen rund um das Thema Konvergenz von Folgen konnte die Hälfte der Masterstudierenden (sechs von zwölf Personen) überhaupt nichts nennen, weitere vier lieferten Antworten ohne Substanz und nur zwei Personen konnten eine (halbwegs) zufriedenstellende Antwort geben. Auch die Antworten der 15 Bachelorstudierenden lassen auf ein beim Konvergenzbegriff eher dürftig ausgebildetes Begriffsnetz schließen: Hier waren sechs Personen ohne Antwort und lediglich eine Student*in konnte eine zufriedenstellende Antwort geben. Bei den restlichen acht Studierenden waren die Assoziationen zum Begriffsnetz ansatzweise stimmig. Jedoch muss noch berücksichtigt werden, dass von diesen meist nur Schlagworte genannt wurden (etwa „Cauchy"), ohne den Zusammenhang zu einem Begriff oder die Aussage eines Satzes auch nur ansatzweise zu begründen. Ein Blick auf die von den Studierenden insgesamt genannten Begriffe offenbart dabei jedoch zugleich wieder eine gewisse Reichhaltigkeit. Rund um den Konvergenzbegriff wurden die folgenden Aussagen bzw. Begriffe beschrieben: Cauchy-Folge, Existenz konvergenter Teilfolgen (Satz von Bolzano-Weierstraß, aber nicht namentlich bezeichnet), Grenzwertsätze (etwa zur Additivität konvergenter Folgen), Abschätzungen zur Monotonie (Sandwich-Lemma), Eindeutigkeit des Grenzwerts, Nullfolgen in konvergenten Reihen, Beschränktheit der Menge der Folgenglieder.

4.2.4 Aufgabe 4: Schulbezug

In dieser Aufgabe wurde nach Beispielen aus dem Mathematikunterricht gefragt, bei denen das Thema (implizit) eine Rolle spielt. Für die Auswertung wird dabei nachfolgend nur grob dichotom in adäquate und nicht adäquate Bezüge unterschieden. Nicht weiter erläuterte Bezüge werden dabei – sofern inhaltlich passend – zu den adäquaten Antworten gezählt. In beiden Stichproben war jeweils die Hälfte der Studierenden in der Lage, inhaltlich sinnvolle Antworten zu geben (acht von 15 im Bachelor- und sieben der zwölf im Masterstudiengang). Bezug genommen wurden dabei insbesondere auf die Bestimmung und Berechnung von Funktionsgrenzwerten im Rahmen der Kurvendiskussion oder die Konvergenz von Ober- und Untersummen bei der Flächenberechnung mittels Integralrechnung. Ein einziges Mal wurde mit dem Heron-Verfahren eine Folge explizit erwähnt. Auffällig war indes zugleich die sowohl von Bachelor- wie Masterstudierenden wiederholt vorgebrachte Argumentation, dass Folgen kein Schulthema seien und daher auch keine Bezüge zwischen diesem Konzept der Hochschulmathematik und den Schulcurricula bestünden. Bei den entsprechenden Studierenden fehlt das Bewusstsein dafür, dass Folgen sowohl explizit als auch implizit im Unterricht behandelt werden können und zugleich konzeptuelle Grundlage für die Konvergenz von Funktionen darstellen.

4.3 Auswertung des Tests zur Stetigkeit

Aufgabe 1: Visualisieren

Da sich lediglich zwei Studierende bei der Bearbeitung von Aufgabe 1 (siehe Abbildung 2) für das Folgenkriterium entschieden haben, werden diese bei der Auswertung nicht berücksichtigt. Die Stichprobe verringert sich im Vergleich zu Tabelle 2 auf 28 Studierende (17 im Bachelor- und elf im Masterstudium).

Ähnlich wie beim Test zur Konvergenz von Folgen (Abbildung 1) ist auch diese Aufgabe offen formuliert. Bei dieser Aufgabe wird der Graph einer Funktion sowie die Stelle $a = 2$ vorgegeben und die Studierenden sollen das Kriterium für Stetigkeit an dem vorgegebenen Graphen visualisieren. Bei der folgenden Ergebnisauswertung steht der diagnostische Blick im Vordergrund, d. h. es werden wiederholt auftretende Besonderheiten in den Bearbeitungen aufgezeigt.

Eine Darstellung, welche die Definition von Stetigkeit adäquat widerspiegelt, zeigt Abbildung 6. Insbesondere wurde bei den Darstellungen des ε- und δ-Schlauchs darauf geachtet, δ passend (also hinreichend klein) zu ε zu wählen. Eine solche korrekte Darstellung der ε und δ-Umgebungen weist nur eine der insgesamt 28 Lösungen auf. In sieben von 28 Lösungen (drei im Master, vier im Bachelor) wird überhaupt keine Visualisierung der Definition von Stetigkeit erstellt. Wir betrachten im Folgenden besondere Merkmale der übrigen 20 Bearbeitungen und richten das Augenmerk auf die Darstellung der ε-Umgebung. Ähnlich wie bei der entsprechenden Aufgabe zur Folgenkonvergenz (siehe Abschnitt 4.1) fällt auch bei dieser Aufgabe auf, dass gehäuft Ungenauigkeiten bei der Darstellung der ε-Umgebung auftreten.

In Abbildung 7a wird die Breite des δ-Schlauchs nicht passend zum vorgegebenen ε-Schlauch, sondern größer gewählt. In Abbildung 7b ist die Breite der ε- und δ-Umgebung mit ε (δ) statt 2ε (2δ) angegeben. In Abbildung 7c sind ε- und δ-Umgebung nur einseitig visualisiert. Abbildung 7d zeigt ein weiteres, gehäuft aufgetretenes Phänomen: In diesem Beispiel beschreibt δ den Abstand von x zu a. Möglicherweise wird hier die Abhängigkeit „Zu gegebenem ε wird ein passendes δ gewählt, sodass für alle x …" nicht vollständig erfasst. In letzterem Fall spiegelt die Visualisierung die mathematische Definition von Stetigkeit nur eingeschränkt wider.

Auch beim Thema Stetigkeit weichen einige Visualisierungen deutlich von der mathematischen Definition ab. In Abbildung 8a werden ε und δ vertauscht. In Abbildung 8b ist keine ε-Umgebung erkennbar. Die Darstellung der Tangente

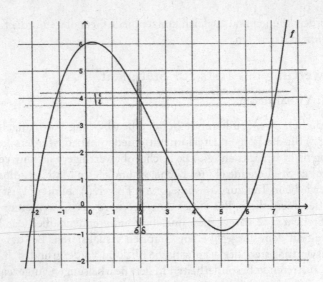

Abbildung 6: Adäquate Visualisierung der Definition von Stetigkeit.

könnte auf eine inhaltliche Vermischung mit dem Ableitungskonzept hindeuten. In Abbildung 8c wird die schraffierte Fläche unter dem Graphen betrachtet und mit ε abgeschätzt.

Ergebnisse der Visualisierungen im Überblick   Die folgende Tabelle 9 gibt einen Überblick über die Ergebnisse.

	Bachelor	Master	gesamt
Die Visualisierung erfasst die mathematische Definition (ggf. mit Einschränkungen)	9	6	15
Deutliche Abweichung von der mathematischen Definition von Stetigkeit	4	2	6
Keine Visualisierung	4	3	7
gesamt	17	11	28

Tabelle 9: Überblick über die Ergebnisse von Testaufgabe 1 (Stetigkeit).

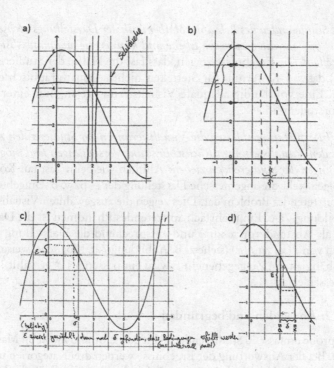

Abbildung 7: Besonderheiten bei der Darstellung der ε-Umgebung in a), b) und c). Wahl von δ als Abstand von x zu a in d).

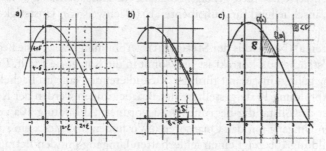

Abbildung 8: Visualisierungen, die deutliche Abweichungen von der mathematischen Definition aufweisen.

Aufgrund der geringen Stichprobengröße von insgesamt 28 Studierenden lassen sich Ergebnisse nicht verallgemeinern. Dennoch möchten wir die Ergebnisse vor dem Hintergrund der eingangs formulierten Forschungsfrage1 interpretieren.

- *Gelingt Studierenden des Lehramts Mathematik der Darstellungswechsel von der symbolischen auf die graphische Ebene und können sie adäquate Visualisierungen erstellen?* Die Ergebnisse zeigen, dass fast die Hälfte der Studierenden (13 von 28) das ε-δ-Kriterium für Stetigkeit nicht adäquat graphisch darstellen konnte. Eine vollständig adäquate Visualisierung gelang nur einer einzigen Bachelorstudent*in.

- *Welche Interpretationen lassen die Visualisierungen der Studierenden zu? Lassen sich aus den Visualisierungen Rückschlüsse auf Vorstellungen und mögliche Fehlvorstellungen der Studierenden ziehen?* Ähnlich wie beim Test zur Konvergenz von Folgen stellt die angemessene Darstellung der ε- bzw. δ-Umgebung ein gehäuft auftretendes Problem dar. Dies zeigen die ausgewählten Visualisierungen in Abbildung 7a-c. Ein mehrfach auftretendes Phänomen ist die Darstellung von δ als Abstand von x zu a und entsprechend die Darstellung von ε als Abstand von $f(x)$ zu $f(a)$ (siehe z. B. Abbildung 7d). Möglicherweise wird hier die Abhängigkeit „Zu gegebenem ε wird ein passendes δ …" nicht angemessen erfasst.

Aufgabe 2: Anwenden und begründen

Die Stichprobe umfasst 30 Studierende, 18 im Bachelor und zwölf im Master (siehe Tabelle 2). Bei der Auswertung der Ergebnisse werden drei Kategorien unterschieden: 1. vollständig korrekt begründet, 2. falsch oder unvollständig begründet, 3. nicht bearbeitet. Zur Erläuterung dieser drei Kategorien werden im Folgenden repräsentative Beispiele gezeigt, zunächst für Aufgabenteil a) (Nachweis der Stetigkeit), anschließend für Aufgabenteil b) (Nachweis von Unstetigkeit).

Aufgabenteil a) (Nachweis der Stetigkeit) Abbildung 9 zeigt eine Begründung, welche vollständig und korrekt ist und somit in die Kategorie 1 fällt. Eine solche Bearbeitung gelingt insgesamt fünf der 30 Studierenden (alle im Bachelor).

Die in Abbildung 10 dargestellten vier Bearbeitungen werden der Kategorie 2 (falsch oder unvollständig begründet) zugeordnet: Abbildung 10a zeigt einen fehlerhaften Umgang mit den Quantoren („Wir finden für jedes x ein ε und ein δ …"). Abbildung 10b zeigt einen fehlerhaften Umgang mit den Betragsstrichen. In Abbildung 10c wird das Folgenkriterium nur exemplarisch (am Beispiel der Folge $(a_n)_{n\in\mathbb{N}}$ mit $a_n := 3 + 1/n$) und zudem nicht auf die konkrete Funktion f mit $f(x) = 2x$ angewandt. Die Lösung in Abbildung 10d wird als unvollständig gewertet, da die Definition nicht auf die konkrete Funktion f angewandt wird.

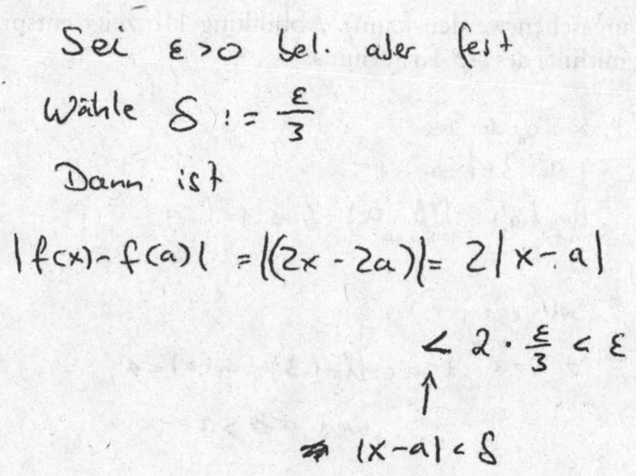

Sei $\varepsilon > 0$ bel. aber fest

Wähle $\delta := \dfrac{\varepsilon}{3}$

Dann ist

$|f(x) - f(a)| = |(2x - 2a)| = 2|x - a|$

$< 2 \cdot \dfrac{\varepsilon}{3} < \varepsilon$

$\uparrow$

$\not\Rightarrow |x - a| < \delta$

Abbildung 9: Vollständige und korrekte Begründung der Stetigkeit an der Stelle a.

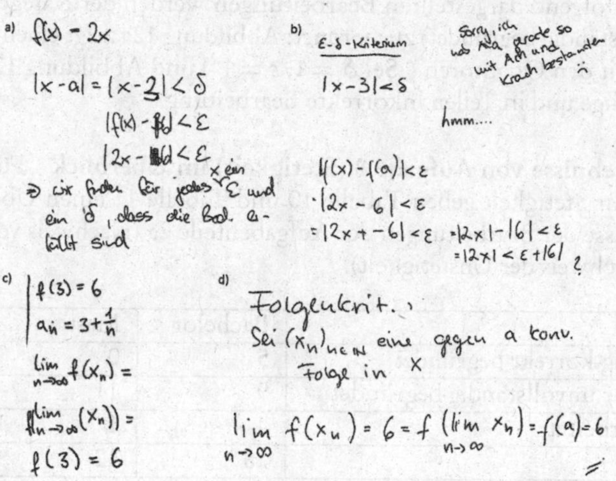

a) $f(x) = 2x$

$|x - a| = |x - 3| < \delta$

$|f(x) - f(x)| < \varepsilon$

$|2x - 6| < \varepsilon$

$\Rightarrow$ wir finden für jedes ε ein x ein
ein δ, dass die Bed. er-
füllt sind

b) $\underline{\varepsilon\text{-}\delta\text{-Kriterium}}$

$|x - 3| < \delta$

Sorry, ich
bin Na gerade so
mit A und
Krach bestande...

hmm....

$|f(x) - f(a)| < \varepsilon$

$\cdot |2x - 6| < \varepsilon$

$= |2x + -6| < \varepsilon$ $\cdot |2x| - |6| < \varepsilon$

$= |2x| < \varepsilon + |6|$?

c) $\begin{cases} f(3) = 6 \\ a_n = 3 + \frac{1}{n} \end{cases}$

$\lim\limits_{n \to \infty} f(x_n) =$

$f(\lim\limits_{n \to \infty}(x_n)) =$

$f(3) = 6$

d) Folgenkrit.)

Sei $(x_n)_{n \in \mathbb{N}}$ eine gegen a konv.
Folge in X

$\lim\limits_{n \to \infty} f(x_n) = 6 = f(\lim\limits_{n \to \infty} x_n) = f(a) = 6$

Abbildung 10: Falsche Begründungen in a), b), c) und unvollständige Begründung in d).

Aufgabenteil b) (Nachweis der Unstetigkeit)

Beim Nachweis der Unstetigkeit gelingt insgesamt zehn von 30 Studierenden (acht im Bachelor, zwei im Master) eine vollständige und korrekte Bearbeitung (Kategorie 1). In Abbildung 11a ist ein Beispiel einer Bearbeitung mithilfe des Folgenkriteriums dargestellt (die zwar Schwierigkeiten beim formalen Aufstellen von Termen offenbart, jedoch im Kern als korrekt angesehen werden kann). Abbildung 11b zeigt entsprechend eine Bearbeitung mithilfe des ε-δ-Kriteriums.

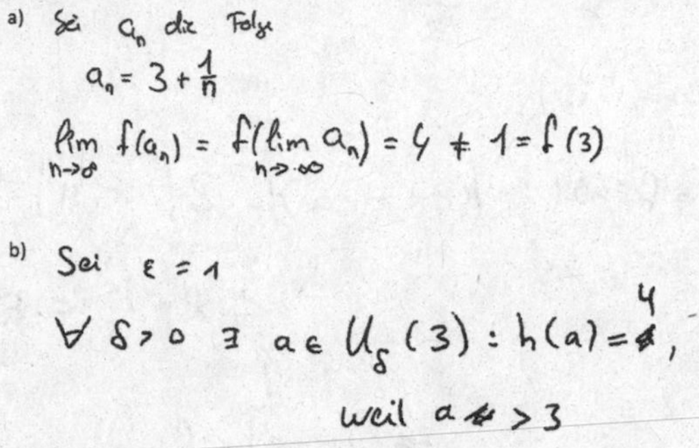

a) Sei a_n die Folge
$$a_n = 3 + \frac{1}{n}$$
$$\lim_{n \to \infty} f(a_n) = f(\lim_{n \to \infty} a_n) = 4 \neq 1 = f(3)$$

b) Sei $\varepsilon = 1$
$$\forall \delta > 0 \ \exists \ a \in U_\delta(3) : h(a) = 4,$$
weil $a > 3$

Abbildung 11: Vollständige und korrekte Begründung der Unstetigkeit.

Die nachfolgend dargestellten Bearbeitungen werden der Kategorie 2 (falsch oder unvollständig begründet) zugeordnet: Abbildung 12a zeigt einen fehlerhaften Umgang mit den Quantoren („Sei $\delta = 1$, $\varepsilon = 1$“) und Abbildung 12b zeigt eine unvollständige und in Teilen inkorrekte Bearbeitung.

4.3.2.3 Ergebnisse von Aufgabe 2 (Stetigkeit) im Überblick   Für Aufgabe 2 des Tests zur Stetigkeit geben Tabelle 10 und Tabelle 11 einen Überblick über die Ergebnisse der Bearbeitungen der Aufgabenteile 2a (Nachweis von Stetigkeit) und 2b (Nachweis der Unstetigkeit).

	Bachelor	Master	gesamt
vollständig korrekt begründet	5	0	5
falsch oder unvollständig begründet	9	11	20
nicht bearbeitet	4	1	5
gesamt	18	12	30

Tabelle 10: Überblick über die Ergebnisse von Testaufgabe 2a (Stetigkeit)

Aufgrund des geringen Stichprobenumfangs von insgesamt 30 Studierenden lassen sich die Ergebnisse nicht verallgemeinern. Dennoch möchten wir diese vor dem Hintergrund der eingangs formulierten Forschungsfrage 3 interpretieren: Können mathematische Definitionen der Stetigkeit angewandt werden, um elementare Funktionen auf Stetigkeit respektive Unstetigkeit zu überprüfen? In Aufgabe 2a) soll die Stetigkeit einer linearen Funktion an einer gegebenen Stelle a

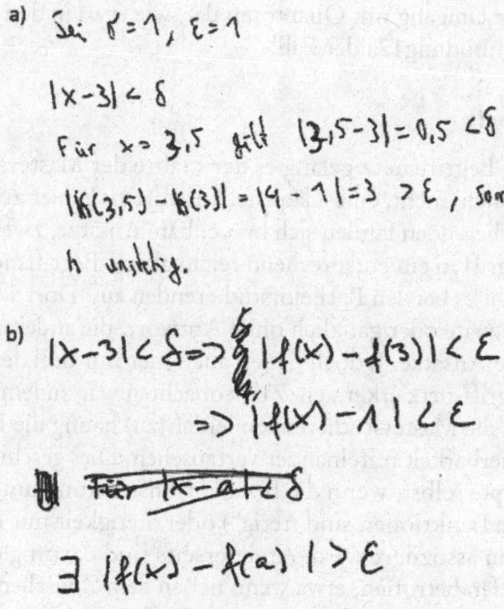

a) $\text{Sei } \gamma = 1, \varepsilon = 1$

$|x-3| < \delta$

$\text{Für } x = 3{,}5 \text{ gilt } |3{,}5-3| = 0{,}5 < \delta$

$|k(3{,}5) - k(3)| = |4 - 7| = 3 > \varepsilon, \text{ somit ist}$

$h \text{ unstetig.}$

b) $|x-3| < \delta \Longrightarrow \overset{6}{\underset{4}{}} |f(x) - f(3)| < \varepsilon$

$\Longrightarrow |f(x) - 1| < \varepsilon$

$\text{Für } |x - a| < \delta$

$\exists\, |f(x) - f(a)| > \varepsilon$

Abbildung 12: Falsche Begründungen in a) und b).

	Bachelor	Master	gesamt
vollständig korrekt begründet	8	2	10
falsch oder unvollständig begründet	7	9	16
nicht bearbeitet	3	1	4
gesamt	18	12	30

Tabelle 11: Überblick über die Ergebnisse von Testaufgabe 2b (Unstetigkeit)

nachgewiesen werden. Die Ergebnisse zeigen, dass nur fünf von 30 Studierenden die Stetigkeit einer linearen Funktion in einer Stelle ihres Definitionsbereichs nachweisen konnten. Von den zwölf Masterstudierenden gelang keinem eine vollständig korrekte Begründung. In Aufgabe 2b) soll die Unstetigkeit einer abschnittsweise konstanten Funktion gezeigt werden. Insgesamt bearbeitete ein Drittel der Studierenden (zehn von 30) die Aufgabe vollständig korrekt. Vergleicht man die beiden Gruppen der Master- und Bachelorstudierenden, so gelang eine vollständig korrekte Bearbeitung rund der Hälfte der Studierenden im Bachelor (acht von 18) und nur zwei der zwölf Studierenden im Master. Ein häufig auftretender Fehler stellt der Umgang mit Quantoren dar, wie etwa in den Lösungen in Abbildung 10a und Abbildung12a der Fall.

Aufgabe 3: Begriffsnetz

Bei der Aufgabe zum Begriffsnetz gelang es der Hälfte der Masterstudierenden (sechs von zwölf Personen) nicht, eine adäquate Antwort zu Papier zu bringen. Bei den übrigen sechs Studierenden fanden sich brauchbare Ansätze, zwei davon scheinen den Stetigkeitsbegriff in ein entsprechend reichhaltiges Begriffsnetz eingebaut zu haben. Ähnlich sieht es bei den Bachelorstudierenden aus: Dort waren acht der 18 Personen ohne adäquate oder gänzlich ohne Antwort, die anderen zehn Personen hatten akzeptable Ansätze. Jedoch ließen auch hier nur drei der Antworten ein umfassenderes Begriffsnetz erkennen. Zu beobachten war zudem, dass sowohl die Bachelor- als auch die Masterstudierenden leider (zu) häufig die Konzepte Stetigkeit und Differenzierbarkeit miteinander vertauschen. Dies geschieht einerseits auf Ebene der Konzepte selbst, wenn die Implikationsrichtung umgekehrt wird („nur differenzierbare Funktionen sind stetig") oder Stetigkeit mit Knickfreiheit des Funktionsgraphen assoziiert wird. Andererseits sind davon gleichermaßen Sätze zu diesen Begriffen betroffen, etwa wenn neben dem Zwischenwertsatz (für stetige Funktionen) auch der Mittelwertsatz (der Differentialrechnung) genannt wurde.

Aufgabe 4: Schulbezug

Beim Thema Stetigkeit fielen den Studierenden tendenziell mehr Bezüge zur Schulmathematik ein als bei der Folgenkonvergenz, nur vier der 18 Bachelorstudierenden und fünf der zwölf Masterstudierenden waren dazu nicht in der Lage. Häufig wurden Bezüge zu den Begriffen Differenzierbarkeit und Integrierbarkeit hergestellt, wobei einige auch durchaus fundiert waren. Im Gegenzug verwiesen jedoch einige Studierende lediglich darauf, dass alle in der Schule betrachteten Funktionen stetig seien oder gaben weniger fundiert erscheinende Antworten (etwa, wenn sich Nennungen auf „beim Differenzieren" beschränkten). Hier wären explizitere Verknüpfungen zwischen Schul- und Hochschulinhalten durch die Studierenden möglich und wünschenswert. Die zuvor beim Begriffsnetz genannte Verwechslung der Implikationsrichtung trat auch hier entsprechend auf. Berichtenswert ist zuletzt noch eine Fehlvorstellung zur Stetigkeit, welche bei der Nennung gebrochen rationaler Funktionen zum Vorschein kommt. So gaben einige Studierende die Funktion $1/x$ als Beispiel (einer unstetigen Funktion) an, was kohärent ist mit der verbreiteten Vorstellung eines unterbrechungsfrei zu zeichnenden Funktionsgraphen. Dabei bestünde doch gerade am Beispiel der

Funktion $f: \mathbb{R}^* \mapsto \mathbb{R}, x \mapsto 1/x$ die Chance, das aus der Schule geprägte concept image durch die in der Hochschule kennengelernte Mathematik um eine wichtige Vorstellung zu erweitern.

5 Fazit der Auswertung

Der Titel dieses Beitrags lautet: „Grenzwert und Stetigkeit – Was am Ende (des Studiums) übrig bleibt." Die in diesem Beitrag vorgestellten Ergebnisse legen indes die Frage nahe, wie tragfähig das Begriffsverständnis im Rahmen der Analysisvorlesung entwickelt wurde und wie nachhaltig dieses ist. Man könnte fast fragen: „Was war jemals vorhanden?" Die Testergebnisse deuten darauf hin, dass die Themen Konvergenz von Folgen und Stetigkeit von einem Großteil der am Test teilgenommenen 57 Studierenden nicht vollständig durchdrungen wurden. Desgleichen zeigen die Ergebnisse, dass die Defizite sowohl in der Gruppe der Bachelor- als auch in der Gruppe der Masterstudierenden auftreten. Dabei wären zwei Szenarien mit entsprechenden Erklärungen denkbar gewesen. Variante 1: Die Bachelorstudierenden schneiden bei den Testaufgaben besser ab als die Masterstudierenden, denn der Besuch der Analysisvorlesung liegt noch nicht so lange zurück. Variante 2: Die Masterstudierenden erzielen bessere Ergebnisse bei den Testaufgaben, da sie im Laufe ihres Studiums mehr fachmathematische Veranstaltungen besucht haben und somit vertrauter mit mathematischen Arbeitsweisen sind. Die Ergebnisse zeigen vielmehr, dass in beiden Testgruppen (Bachelor und Master) der überwiegende Teil der Studierenden im Großen und Ganzen kein tragfähiges Begriffsverständnis entwickelt hat, wie die folgenden ausgewählten Ergebnisse noch einmal exemplarisch verdeutlichen:

- Etwa die Hälfte der 28 Studierenden (sowohl im Bachelor als auch im Master) konnte das ε-δ-Kriterium für Stetigkeit nicht adäquat graphisch darstellen (vgl. Abschnitt 4.3). Eine vollständige und (uneingeschränkt) adäquate Visualisierung des ε-δ-Kriteriums für Stetigkeit gelang sogar nur einer der 28 Student*innen.

- Große Schwierigkeiten bereitete den Studierenden die konkrete Anwendung der Definitionen von Stetigkeit bei einfachen (linearen oder abschnittsweise konstanten) Funktionen (vgl. Abschnitt 4.3). Die Ergebnisse zeigen, dass bloß fünf von 30 Studierenden die Stetigkeit einer linearen Funktion an einer Stelle ihres Definitionsbereichs mithilfe der Definition nachweisen konnten, darunter ist keine Masterstudent*in. Nur einem Drittel der Studierenden (zehn von 30) gelang der Nachweis der Unstetigkeit einer abschnittsweise konstanten Funktion.

- Mehr als die Hälfte der 27 Studierenden konnte die Definition der Konvergenz einer Zahlenfolge nicht adäquat graphisch darstellen (vgl. Abschnitt 4.2).

- Werden den Studierenden typische Fehlvorstellungen zur Konvergenz von Folgen vorgelegt, so werden diese in vielen Fällen fälschlicherweise für wahr gehalten (vgl. Abschnitt 4.2). Insgesamt konnte lediglich eine der 27 befragten Personen alle vier gestellten Aussagen korrekt einordnen. Nur je ein Drittel der Studierenden war in der Lage, drei oder mehr Aussagen korrekt einzuordnen. Positiv anzumerken ist, dass die meisten Studierenden versuchten, die von ihnen getroffene Wahl auch inhaltlich zu begründen. Dies führte bei der Hälfte der korrekt eingeschätzten Aussagen auch zu adäquaten Begründungen – zugleich wurde jedoch auch bei den falsch angekreuzten Aussagen in zwei Drittel der Fälle versucht, die jeweilige Fehlvorstellung inhaltlich zu begründen. Im Vergleich zum Single-Choice-Aufgabenformat ohne Begründungen erhöht sich hier das Diagnosepotenzial deutlich (vgl. Büchter und Leuders, 2014, S. 175). Hervorzuheben ist insbesondere noch, dass der überwiegende Teil der Studierenden auf die Frage nach der Gleichheit von $0,\bar{9}$ und 1 eine passende und begründete Antwort geben konnte (was üblicherweise nicht der Fall ist, vgl. etwa Ostsieker, 2019).

- Fragt man die Studierenden nach wichtigen Sätzen und Begriffen die ihnen im Zusammenhang mit Konvergenz respektive Stetigkeit einfallen, so ergibt sich ein gemischtes Bild (vgl. Abschnitte 4.2 und 4.3). Etwa die Hälfte der befragten Personen ist hierzu nicht in der Lage, bei anderen sind die Begriffe solide in das jeweilige Begriffsnetz eingebunden – wobei das Konzeptverständnis der Bachelorstudierenden insgesamt ein Stück tragfähiger erscheint. Darunter waren auch einige schlagwortartige Antworten, bei denen ein Rückschluss auf die Qualität des zugrunde liegenden Wissens schwerfällt. Zuletzt fiel negativ auf, dass die Begriffe Stetigkeit und Differenzierbarkeit wiederholt verwechselt wurden.

- Ähnlich sieht es auch bei der Vernetzung zwischen Schul- und Hochschulmathematik aus (vgl. Abschnitte 4.2 und 4.3): Gut die Hälfte der Lehramtsstudierenden ist in der Lage, inhaltliche Bezüge zwischen den Themen Konvergenz respektive Stetigkeit und passenden Inhalten aus dem Mathematikunterricht herzustellen.

Obwohl die Ergebnisse aufgrund des geringen Stichprobenumfangs keine belastbaren Schlussfolgerungen zulassen, so geben sie zumindest dringenden Anlass dazu, den eingangs formulierten Forschungsfragen durch weiterführende Erhebungen tiefer auf den Grund zu gehen. Insbesondere die Ergebnisse der Visualisierungsaufgaben (Test Konvergenz von Folgen und Test Stetigkeit, jeweils Aufgabe 1) sind aufschlussreich für die Frage, wo Schwierigkeiten bei der Erstellung graphischer Darstellungen liegen können. Auch die Begründungsaufgaben zu typischen Fehlvorstellungen bei Folgen (Test Konvergenz von Folgen, Aufgabe 2) geben interessante Einblicke in die Denkweisen der Studierenden („ε ist der Abstand ...“ und „Die Folge konvergiert erst ab einem bestimmten n ...“). Zuletzt können auch die Studierenden nicht mit den Ergebnissen der Tests zufrieden sein. In einer zwei Wochen nach dem Test durchgeführten Befragung äußerte sich eine Student*in wie folgt:

> Schon während des Tests dachte ich, habe ich das wirklich alles vergessen?! Auch die Übertragung, wozu man das in der Schule braucht, fiel mir im ersten Moment erstaunlich schwer. Im Nachhinein finde ich es einfach schade, dass man besonders im fachwissenschaftlichen Mathematikstudium viel Aufwand, Zeit und Mühe steckt und dann erschrickt, wie viel oder wie wenig man davon behält.

Um den in diesem Beitrag exemplarisch aufgezeigten Defiziten beim Begriffsverständnis von Mathematikstudierenden entgegenzuwirken, wurden an der Freien Universität Berlin verschiedene Maßnahmen ergriffen, welche detailliert in Weygandt und Skutella (2019), Skutella und Weygandt (2020) sowie Haase, Mischau, Walter und Weygandt (2020) beschrieben werden. Unter anderem wird seit dem Sommersemester 2018 ein fachdidaktisches Seminar für Masterstudierende des Lehramts Mathematik angeboten, in welchem eine vertiefte, eigenaktive Auseinandersetzung mit der Analysis vom höheren Standpunkt aus ermöglicht wird, Bezüge zwischen Hochschul- und Schulmathematik durch die Bearbeitung von Schnittstellenaufgaben hergestellt und typische Denk- und Arbeitsweisen der Mathematik geübt und reflektiert werden. Dabei erhalten sie zudem die Möglichkeit, sich mit Bachelorstudierenden am Anfang des Studiums fachlich auszutauschen und so den spezifischen Blick auf die Inhalte der Analysis zu erweitern.

Literatur

Bach, Volker (2016). „Kompetenzorientierung und Mindestanforderungen“. In: *Mitteilungen der Deutschen Mathematiker-Vereinigung (MDMV)* 24.1, S. 30–32.

Bender, Peter (1991). „Fehlvorstellungen und Fehlverständnisse bei Folgen und Grenzwerten“. In: *MNU – Der mathematische und naturwissenschaftliche Unterricht (MNU)* 44.4, S. 238–243.

Büchter, Andreas und Timo Leuders (2014). *Mathematikaufgaben selbst entwickeln. Lernen fördern · Leistung überprüfen.* 6. Aufl. Berlin: Cornelsen.

Danckwerts, Rainer und Dankwart Vogel (2006). *Analysis verständlich unterrichten.* München u.a.: Elsevier, Spektrum, Akad. Verl.

Deiser, Oliver, Kristina Reiss und Aiso Heinze (2012). „Elementarmathematik vom höheren Standpunkt: Warum ist $0,\bar{9} = 1$¿'" In: *Mathematikunterricht im Kontext von Realität, Kultur und Lehrerprofessionalität. Festschrift für Gabriele Kaiser.* Hrsg. von Werner Blum, Rita Borromeo Ferri und Katja Maaß. Wiesbaden: Vieweg + Teubner Verlag, S. 249–264.

Duval, Raymond (2006). „A cognitive analysis of problems of comprehension in a learning of mathematics". In: *Educational Studies in Mathematics* 61.1-2, S. 103–131.

Greefrath, Gilbert, Reinhard Oldenburg, Hans-Stefan Siller, Volker Ulm und Hans-Georg Weigand (2016). *Didaktik der Analysis. Aspekte und Grundvorstellungen zentraler Begriffe.* Berlin, Heidelberg: Springer Spektrum.

Haase, Christian, Anina Mischau, Lena Walter und Benedikt Weygandt (2020). „Mathematik entdecken im Lehramtsstudium". In: *Unterstützungsmaßnahmen in Mathematikbezogenen Studiengängen. Eine anwendungsorientierte Darstellung verschiedener Konzepte, Praxisbeispiele und Untersuchungsergebnisse (zu Vorkursen, Brückenvorlesungen und Lernzentren).* Reinhard Hochmuth, Michael Liebendörfer und Christiane Kuklinski. (zur Veröffentlichung eingereicht).

Hefendehl-Hebeker, Lisa (2013). „Doppelte Diskontinuität oder die Chance der Brückenschläge". In: *Zur doppelten Diskontinuität in der Gymnasiallehrerbildung. Ansätze zu Verknüpfungen der fachinhaltlichen Ausbildung mit schulischen Vorerfahrungen und Erfordernissen.* Hrsg. von Christoph Ableitinger, Jürg Kramer und Susanne Prediger. Wiesbaden: Springer Spektrum, S. 1–15.

Mei, Robert Ivo und Johanna Heitzer (2017). „Der Grenzwertbegriff als Exempel der Diskontinuität zwischen Schul- und Hochschulmathematik". In: *Der Mathematikunterricht (MU)* 63.1, S. 3–16.

Ostsieker, Laura (2019). *Lernumgebungen für Studierende zur Nacherfindung des Konvergenzbegriffs. Gestaltung und empirische Untersuchung.* Wiesbaden: Springer Fachmedien.

Pigge, Christoph, Irene Neumann und Aiso Heinze (2019). „Notwendige mathematische Lernvoraussetzungen für MINT-Studiengänge – die Sicht der Hochschullehrenden". In: *Der Mathematikunterricht (MU)* 65.2, S. 29–38.

Przenioslo, Malgorzata (2005). „Introducing the Concept of Convergence of a Sequence in Secondary School". In: *Educational Studies in Mathematics* 60.1, S. 71–93.

Skutella, Katharina und Benedikt Weygandt (2020). „Analysis reloaded - Ein Lehrkonzept für Bachelor- und Masterstudierende zur Überbrückung beider Diskontinuitäten". In: *Beiträge zum Mathematikunterricht 2019. 53. Jahrestagung der Gesellschaft für Didaktik der Mathematik.* Hrsg. von Andreas Frank, Stefan Krauss und Karin Binder. Münster: WTM-Verlag, S. 769–772.

Tall, David Orme und Shlomo Vinner (1981). „Concept image and concept definition in mathematics with particular reference to limits and continuity". In: *Educational Studies in Mathematics* 12.2, S. 151–169.

Vollrath, Hans-Joachim (1984). *Methodik des Begriffslehrens im Mathematikunterricht.* Stuttgart: Klett.

Weigand, Hans-Georg (2014). „Begriffslernen und Begriffslehren". In: *Didaktik der Geometrie für die Sekundarstufe I.* Hrsg. von Hans-Georg Weigand, Andreas Filler, Reinhard Hölzl, Sebastian Kuntze, Matthias Ludwig, Jürgen Roth, Barbara Schmidt-Thieme und Gerald Wittmann. 2. Aufl. Berlin: Springer Spektrum, S. 99–122.

Weygandt, Benedikt und Katharina Skutella (2019). „Blick nach vorne, Blick zurück: Ein Lehrkonzept für Bachelor- und Masterstudierende zur Überbrückung beider Diskontinuitäten". In: *Hanse-Kolloquium zur Hochschuldidaktik der Mathematik 2018. Beiträge zum gleichnamigen Symposium am 9. & 10. November 2018 an der Universität Duisburg-Essen.* Hrsg. von Marcel Klinger, Alexander Schüler-Meyer und Lena Wessel. Münster: WTM Verlag für wissenschaftliche Texte und Medien, S. 175–183.

Wille, Friedrich (2011). *Humor in der Mathematik. Eine unnötige Untersuchung lehrreichen Unfugs, mit scharfsinnigen Bemerkungen, durchlaufender Seitennumerierung und freundlichen Grüßen.* 6. Aufl. Göttingen: Vandenhoeck und Ruprecht.

Ein veranstaltungsübergreifendes Studienkonzept basierend auf dem Spiel Lights Out

Martin Kreh

Abstract   *In diesem Artikel wird ein veranstaltungsübergreifendes Studienkonzept für Lehramtsstudiengänge der Primarstufe und der Sekundarstufe 1 vorgestellt, das auf dem Spiel Lights Out basiert. Es wird dargelegt, dass in den betrachteten Studiengängen das fachliche Interesse zum Teil gering ausgeprägt ist und dass vertikale Vernetzung eine wichtige Rolle bei Lernprozessen spielt. Dies wird zum Anlass genommen, ein Studienkonzept auszuarbeiten, durch dessen sämtliche fachwissenschaftliche Veranstaltungen als roter Faden ein Spiel führt, das das Interesse und die vertikale Vernetzung fördern soll.*

1 Einleitung

Unter Studierenden des Lehramtes Mathematik für die Primarstufe und die Sekundarstufe 1 erhält man jedes Jahr aufs neue den Eindruck, dass das fachliche Interesse (gerade bei fachwissenschaftlichen Veranstaltungen, deren Niveau über das der Schulmathematik hinausgeht) gering ausgeprägt ist. Zudem stellt man zu Beginn jedes neuen Semester fest, dass ein Großteil des aus den letzten Semestern behandelten Stoffes nicht mehr vorhanden ist.

In diesem Artikel soll ein veranstaltungsübergreifendes Studienkonzept, basierend auf einem Spiel, vorgestellt werden, das versucht diese beiden Probleme anzugehen. Dafür ist wichtig anzumerken, dass das vorgestellt Konzept bisher rein theoretischer Natur ist und es keine Studien gibt, die aufzeigen, ob das Konzept dies auch erreicht (vgl. dazu auch Abschnitt 5, in dem auch auch weitere mögliche Probleme eingegangen wird). Ziel dieses Artikels ist lediglich die Vorstellung des Konzeptes.

Dafür stellen wir zunächst Studien vor, die den oben erwähnten Eindruck des geringen fachlichen Interesses untermauern. Anschließend wird das Spiel sowie das darauf aufbauende Konzept vorgestllt.

Bei der Vorstellung des Konzeptes wird deutlich, dass man dieses aufgrund des hohen möglichen fachwissenschaftlichen Umfanges auch für Studierende des gymnasialen Lehramts oder Fachstudierende (zumindest teilweise) einsetzen kann.

2 Didaktische Begründung des Konzeptes

In diesem Abschnitt legen wir zunächst die wichtigsten Begrifflichkeiten fest. Wir führen außerdem Studien zu Interesse und Motivation bei Lehramtsstudierenden an und zeigen, dass fachliches Interesse bei Lehramtsstudierenden der Primarstufe und der Sekundarstufe 1 gering ausgeprägt ist. Anschließend führen wir die Notwendigkeit von vertikaler Vernetzung als Begründung für das dann folgende Konzept an.

2.1 Motivation und fachliches Interesse

Unter Motivation verstehen wir nach Fischer und Wiswede, 2001 „ein[en] aktivierende[n] Prozess mit richtungsgebender Tendenz". Es ist zunächst nach intrinsischer und extrinsischer Motivation zu unterscheiden. Nach Eccles und Wigfield, 2002 sind Personen intrinsisch motiviert, wenn Sie eine Aktivität ausüben, weil Sie daran interessiert sind und die Aktivität selbst genießen. Personen sind extrinsisch motiviert, wenn Sie aus anderen Gründen die Aktivität ausüben, zum Beispiel in Erwartung einer Belohnung. Im Zusammenhang eines Studiums handelt es sich also zum Beispiel um intrinsische Motivation, wenn Studierende eine bestimmte Thematik aus (fachlichem) Interesse lernen, es handelt sich um extrinsische Motivation, wenn das Lernen nur den Zweck des Bestehens einer Klausur erfüllt.

Dabei verstehen wir unter Interesse nach Schiefele, Krapp und Schreyer, 1993 ein „inhaltsspezifisches Motivationsmerkmal [...], das sich durch eine emotionale und eine wertbezogene Komponente auszeichnet".

Fachbezogenes Interesse sowie fachbezogene Motivation sind nach Rach und Heinze, 2013 zwei der zentralen individuellen Merkmale, die einen positiven Einfluss auf den Lernprozess haben. So ist es nicht verwunderlich, dass in einer Erhebung von Heublein et al. (Heublein, Hutzsch, Schreiber, Sommer und Besuch, 2010) 25% der Studienabbrecher im Studienbereich Mathematik fehlende Studienmotivation als Grund für den Abbruch angeben.

Im Allgemeinen ist das fachliche Interesse von angehenden Lehrkräften hoch ausgeprägt, so ergibt sich in einer Studie von Buchholtz und Jentsch, 2015 ein Wert von 5.89 bei einer 7-stufigen Likertskala (vgl. Likert, 1932). Bei dieser Erhebung wurden jedoch Studierende aller Fachrichtungen sowie der drei Richtungen in den Lehramtsstudiengängen (Primarstufe, Sekundarstufe 1 und Sekundarstufe 2) befragt.

In einer Untersuchung von Retelsdorf und Möller, 2012, die ebenfalls Studierende aller Fachrichtungen und der drei oben genannten Schulformen befragt haben, zeigte sich, dass „fachliches Interesse eher mit der Wahl eines gymnasialen Lehramts und pädagogisches Interesse eher mit der Wahl eines anderen Lehramts assoziiert" ist. Zu ähnlichen Ergebnissen kommen auch Pohlmann und Möller, 2010 sowie Grüneberg und Knopf, 2015.

Es ist dabei wichtig zu erwähnen, dass viele Lehramtsstudierende für die Primarstufe sowie für die Sekundarstufe 1 verpflichtet werden, Mathematik als ein Studienfach zu belegen. So ist an niedersächsischen Universitäten für Studierende des Lehramtes für die Primarstufe Mathematik neben Deutsch und Englisch eines von nur drei Wahlpflichtfächern (vgl. Verordnung über Masterabschlüsse für Lehrämter in Niedersachsen, 2015), während Studierende in Hessen gar Mathematik und Deutsch als Studienfach belegen müssen (vgl. Hessisches Lehrerbildungsgesetz, 2016).

So haben Erhebungen an der Universität Gießen (vgl. Koppitz, 2016; Koppitz und Schreiber, 2015) gezeigt, dass „nur etwa die Hälfte der Studierenden Mathematik als Unterrichtsfach freiwillig gewählt hätte[n]." Diese Studierenden begannen Ihre Studium nach Koppitz und Schreiber, 2015 insgesamt mit geringer Motivation.

Nach einer Studie von Liebendörfer und Schukajlow, 2017 ändert sich das Interesse von Studierenden des Lehramtes Mathematik für die Sekundarstufe 1 im ersten akademischen Jahr nicht. Im Gegensatz dazu zeigt eine Untersuchung von Kolter und Schukajlow, 2015, dass das Interesse von Studierenden des Lehramtes Mathematik für die Primarstufe nach dem ersten Semester deutlich absinkt.

In den oben genannten Studien wird bei fachlichem Interesse nicht zwischen schulischer Mathematik und universitärer Mathematik getrennt. Ufer, Rach und Kosiol, 2017 haben in einer Studie gezeigt, dass Lehramtsstudierende im Vergleich zu Nicht-Lehramtsstudierenden geringeres Interesse an universitärer Mathematik, Beweisen und formalen Darstellungen, allerdings höheres Interesse an schulischer Mathematik zeigen. Im Bereich der Anwendungen ergaben sich keine signifikanten Unterschiede.

Modellierungsaufgaben, die auf mathematische Fragestellungen auf universitärem Niveau führen, stellen eine wichtige Schnittstelle zwischen universitärer Mathematik und Anwendungsaufgaben dar. Nach Niss, Blum und Galbraith, 2007 definieren wir Modellierungsaufgaben (in Abgrenzung zu intra-mathematischen

Aufgaben sowie (eingekleideten) Textaufgaben) als Aufgaben, deren Kern der Transferprozess zwischen der realen und der mathematischen Welt ist.

Es ist keineswegs offenkundig, dass Modellierungsaufgaben motivierender sind als Aufgaben ohne Realitätsbezug. So zeigen verschiedene Studien unter 9. und 10. Klässlern (vgl. Krawitz und Schukajlow, 2018; Rellensmann und Schukajlow, 2017; Krug und Schukajlow, 2013), dass Modellierungsaufgaben nicht motivierender sind als Aufgaben ohne Realitätsbezug. Teilweise ist das Interesse an solchen Aufgaben sogar geringer. Diese Ergebnisse sind natürlich nicht ohne Weiteres auf Studierende übertragbar, entsprechende Studien bei Studierenden sind uns allerdings nicht bekannt.

2.2 vertikale Vernetzung

Unter einem vernetzten System verstehen wir nach Vester, 2002 ein System, in dem die einzelnen Komponenten zueinander in Beziehung stehen können. Diese Beziehungen zwischen den Komponenten können als Relation auf den Komponenten aufgefasst werden, eine solche Relation nennen wir Vernetzung (vgl. Brinkmann, Maaß, Ossimitz und Siller, 2017). Dabei kann Vernetzung sowohl den Prozess als auch das Ergebnis des In-Relation-Setzens bezeichnen (vgl. Fischer, 1991).

Unter vertikaler Vernetzung verstehen wir nach Brinkmann und Siller, 2017 die Vernetzung früherer Lerninhalte mit späteren. Auch mathematische Modellierung kann als Vernetzung aufgefasst werden, nämlich als Vernetzung von mathematischen mit nicht-mathematischen Komponenten (vgl. Brinkmann, Maaß, Ossimitz und Siller, 2017).

Vernetzung wird vom National Council of Teachers of Mathematics, 2000, die in den USA für Mathematikunterricht richtungsweisend sind, als einer der Standards aufgeführt. Demnach sei mathematisches Verständnis tiefer und nachhaltiger, wenn Lernende mathematische Ideen verbinden können. Darüberhinaus ist Vernetzung im Hinblick auf kognitive Lernprozesse von großer Bedeutung (vgl. Brinkmann, Maaß, Ossimitz und Siller, 2017).

Dies gilt analog ebenso für Studierende. Zukünftige Lehrkräfte, die Schülerinnen und Schülern vernetztes Denken im Mathematikunterricht beibringen sollen, sollten ferner selbst im Studium mit vernetztem mathematischen Denken in Berührung kommen.

Eine Studie von Kolter und Schukajlow, 2015 unter Lehramtsstudierenden der Primarstufe zeigt außerdem einen starken positiven Zusammenhang von Vernetzung und Interesse.

Eine vertikale Vernetzung über Anwendungsaufgaben für den Schulunterricht wird in Brinkmann und Siller, 2017 vorgeschlagen. Wir verfolgen im Folgenden ein analoges, aber deutlich umfangreicheres, Konzept für Lehramtsstudierende.

3 Das Spiel Lights Out

Das Spiel Lights Out wurde 1995 als tragbare Spielekonsole eingeführt. Auch schon vor dieser Zeit wurde das Problem an sich untersucht. Heutzutage ist das Spiel auf vielen Plattformen zum Beispiel in Form von Apps verfügbar. Die Standardregeln sind wie folgt:

- Gegeben ist ein 5×5 Quadrat (das wir Spielfeld nennen) mit Knöpfen die beleuchtet sein können. Drückt man auf einen der Knöpfe, so ändert sich der Beleuchtungszustand dieses Knopfes sowie seiner (bis zu 4) Nachbarn. Dabei sind Nachbarn die Felder, die sich eine Kante mit dem Ausgangsfeld teilen.
- Zu Beginn des Spieles sind einige Knöpfe beleuchtet und einige nicht. Ziel des Spieles ist es, durch Drücken von gewissen Knöpfen die Beleuchtung bei allen Knöpfen auszuschalten.

Beispiel 1. Angenommen wir starten mit der Anfangsstellung

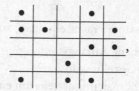

,

wobei ein • andeutet, dass der Knopf beleuchtet ist. Dann führen die folgenden Schritte zum Ziel (hier bedeutet $\xrightarrow{(a,b)}$, dass der Knopf in der a-ten Zeile und b-ten Spalte gedrückt wird):

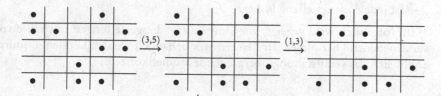

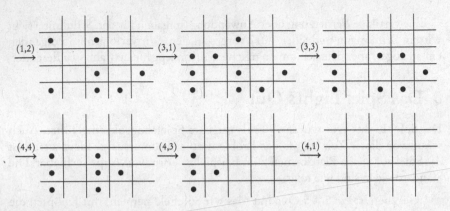

Es gibt auch einige Varianten des Spieles. Für uns interessant ist die Erweiterung auf ein $n \times n$ Spielfeld für beliebige natürliche Zahlen $n \geq 2$ sowie die Erweiterung von zwei Beleuchtungszuständen (an und aus) auf k Zustände mit natürlichem $k \geq 2$. Hierbei soll sich für jeden Knopf der Beleuchtungszustand zyklisch ändern (und für jeden Knopf in der gleichen Weise), bei drei Beleuchtungszuständen wäre also die Änderung

$$\text{rot} \rightarrow \text{grün} \rightarrow \text{aus} \rightarrow \text{rot}$$

denkbar.

Es gibt nun einige interessante Fragestellungen, zum Beispiel:

- Wie löst man eine gegebene Anfangsstellung?
- Ist eine gegebene Anfangsstellung lösbar?
- Wieviele Schritte braucht man mindestens um eine gegebene Anfangsstellung zu lösen?
- Welche Anfangsstellungen sind lösbar?
- Wieviele (wesentlich verschiedene) Möglichkeiten gibt es, eine lösbare Anfangsstellung zu lösen?
- Ist jede Anfangstellung lösbar?

Im folgenden wird gezeigt, wie einige dieser Fragestellungen mit Hilfe von verschiedenen Disziplinen der Mathematik behandelt werden können. Dadurch ergibt sich das veranstaltungsübergreifende Studienkonzept.

4 Aufbau der Fachvorlesungen

Wir machen zunächst einige Bemerkungen zum fachwissenschaftlichen Umfang. Der Umfang der fachwissenschaftlichen Veranstaltungen in Studiengängen für angehende Lehrkräfte von Primarstufe und Sekundarstufe 1 ist, je nach Universität, sehr unterschiedlich. Es soll an dieser Stelle nicht diskutiert werden, wie viel fachwissenschaftliche Veranstaltungen in diesen Studiengängen sinnvoll ist. Wir gehen für unser Konzept von einem hohen Umfang aus, da eine Kürzung von bestimmten Inhalten leicht möglich ist.

Bei der Betrachtung der verschiedenen Fachdisziplinen wird nun angedeutet, inwieweit die jeweilige Disziplin bei der Untersuchung des Spieles Lights Out hilfreich ist. Die exakten mathematischen Ergebnisse und Begründungen werden aus Platz- und Übersichtsgründen größtenteils nicht aufgeführt, diese können aber (sofern nicht anders erwähnt) in Kreh, 2017 nachgelesen werden.

4.1 Mathematische Modellierung

Zunächst stellt sich die Frage, inwieweit das Spiel Lights Out als Modellierung eines realen Problemes anzusehen ist. Nach Förster, 1997 kann man zwischen normativen und deskriptiven Modellen unterscheiden.

So geht es bei deskriptiven Modellen darum, „die Realität möglichst genau abzubilden" (siehe Förster, 1997). Beispiele von deskriptiven Modellen sind physikalische oder biologische Modelle. Bei normativen Modellen dagegen ist ein Teil der Realität durch das Modell definiert. So können normative Modelle von Menschen konstruierte Elemente wie Spielregeln enthalten, wogegen dies für deskriptive Modelle nicht gilt.

Nach diesem Verständnis handelt es sich bei einer mathematischen Modellierung des Spieles Lights Out demnach um ein normatives Modell. Zu Beginn sollte also das Problem gemäß des Modellierungskreislaufes (vgl. Abbildung 1) modelliert werden.

In dem Fall des Spieles Lights Out sind einige der Schritte sogar nicht nötig, so sind aufgrund der Einfachheit des realen Problems bei der Modellierung keine vereinfachenden Annahmen zu treffen, so dass eine Validierung der Lösung nicht nötig ist. Auch das interpretieren der mathematischen Lösung ist, wenn die Modellierung erfolgt ist, sehr leicht. Wie wir gleich sehen werden, ist auch die Modellierung nicht schwer, so dass als einziger komplizierter Punkt das lösen des mathematischen Problemes bleibt.

Auf diese Weise können Studierende schon direkt zu Beginn des Studiums mit dem Prozess des mathematischen Modellierens in Berührung kommen. Da sich viele der Schritte in unserem Fall als leicht erweisen, muss sich aber nicht zu lange mit außermathematischen Problemen des Modellierens aufgehalten werden, sodass man sich schnell auf den mathematischen Kern des Spieles Lights Out konzentrieren kann (dies ist ein Merkmal der oben beschriebenen normativen Modellen). An dieser Stelle können ebenfalls die schon in Abschnitt 3 aufgeführten

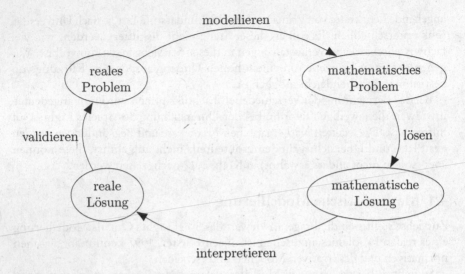

Abbildung 1: Modellierungskreislauf

Fragestellungen erarbeitet werden, denn auch die Erkennung von interessanten Fragen in einem gegebenen Themenbereich gehört zur mathematischen Bildung.

Die Modellierung selbst ist, wie bereits erwähnt, nicht weiter schwierig: In der ursprünglichen Variante kann man das Spielfeld als 5 × 5 Matrix mit Einträgen 0 und 1 (bzw. genauer mit Einträgen im Körper $\mathbb{F}_2$) modellieren. Analog dazu modelliert man die von uns betrachtete allgemeine Variante als $n \times n$ Matrix mit Einträgen im Restklassenring $\mathbb{Z}/k\mathbb{Z}$. Hierbei bezeichnet 0 immer den Zustand „Licht aus".

Damit hat man einen beliebigen Zustand des Spieles modelliert. Es bleibt noch der Prozess des „Knopfdrückens" zu modellieren. Drückt man einen Knopf (i, j), so korrespondiert dies zur Addition einer gewissen Matrix $B_{i,j}$ zur Matrix der gegebenen Stellung A. Diese Additionsmatrix hat eine 1 an den Stellen, an der ein Knopf seinen Beleuchtungszustand ändert, und eine 0 an den Stellen, an denen sich der Beleuchtungszustand eines Knopfes nicht ändert. Bei einem 5 × 5 Spielfeld gilt zum Beispiel

$$
B_{1,1} = \begin{pmatrix} 1 & 1 & 0 & 0 & 0 \\ 1 & 0 & 0 & 0 & 0 \\ 0 & 0 & 0 & 0 & 0 \\ 0 & 0 & 0 & 0 & 0 \\ 0 & 0 & 0 & 0 & 0 \end{pmatrix}, B_{1,4} = \begin{pmatrix} 0 & 0 & 1 & 1 & 1 \\ 0 & 0 & 0 & 1 & 0 \\ 0 & 0 & 0 & 0 & 0 \\ 0 & 0 & 0 & 0 & 0 \\ 0 & 0 & 0 & 0 & 0 \end{pmatrix}, B_{4,2} = \begin{pmatrix} 0 & 0 & 0 & 0 & 0 \\ 0 & 0 & 0 & 0 & 0 \\ 0 & 1 & 0 & 0 & 0 \\ 1 & 1 & 1 & 0 & 0 \\ 0 & 1 & 0 & 0 & 0 \end{pmatrix}.
$$

$$\tag{1}$$

4.2 Lineare Algebra

Man kann nun, auf der Modellierung aufbauend, damit beginnen das Spiel mit Methoden aus der Linearen Algebra zu untersuchen. Dabei müssen natürlich zuerst die für die Modellierung benutzten Begrifflichkeiten wie Matrix und Restklassenring erläutert werden. In dem Zuge bietet es sich an, allgemein über algebraische Strukturen zu reden.

Üblicherweise werden in der Linearen Algebra nur Matrizen mit Einträgen in einem Körper K (oder sogar nur mit Einträgen in den reellen Zahlen $\mathbb{R}$) betrachtet. Hier bietet sich nun eine schöne Gelegenheit auch Matrizen einzuführen, deren Einträge in einem Ring R liegen. Alle Operationen, die mit diesen Matrizen im weiteren Verlauf erfolgen, können mit solchen Matrizen problemlos (und ohne wesentliche Änderung zu dem Fall von Matrizen über Körpern) durchgeführt werden.

Hat man nun eine Anfangsstellung A des Spieles Lights Out gegeben, so müssen wir $c_{i,j} \in \mathbb{Z}/k\mathbb{Z}$ finden, so dass

$$
A + \sum_{i,j=1}^{n} c_{i,j} B_{i,j} = 0, \quad \text{d.h.,} \quad \sum_{i,j=1}^{n} c_{i,j} B_{i,j} = -A \tag{2}
$$

(hierbei bezeichnet 0 die Matrix deren Einträge sämtlich 0 sind).

Dies ergibt ein lineares Gleichungssystem mit n^2 Gleichungen und n^2 Unbekannten. Man kann nun also den Gauß-Algorithmus einführen um dieses Gleichungssystem zu lösen (und damit automatisch eine Antwort auf die Frage „Wie löst man eine gegebene Anfangsstellung" erhalten). Ebenso kann man dafür die Inverse einer Matrix einführen. Man erkennt bei diesem Verfahren dann natürlich auch, wenn eine gegebene Anfangsstellung gar nicht lösbar ist.

Um die Frage zu beantworten, ob alle möglichen Anfangsstellungen lösbar sind, kann man nun die Determinante einführen, denn es sind genau dann alle Anfangsstellungen lösbar, wenn die zum linearen Gleichungssystem gehörige Matrix invertierbar ist, also wenn die Determinante teilerfremd zu k ist.

Um die Untersuchung mit Hilfe von Linearer Algebra abzuschließen kann man nun noch kurz Eigenwerte betrachten, da man die Determinante der Matrix als Produkt aller Eigenwerte schreiben kann, die in diesem speziellen Fall leicht zu bestimmen sind. Auch wenn dies fachlich für die angedachten Studiengänge schon weit führt, so kann dies als Höhepunkt der Veranstaltung Lineare Algebra behandelt werden, vor allem da die tiefere Theorie des Diagonalisierens für die Behandlung von Lights Out nicht nötig ist.

4.3 Computeralgebra

Da die Größe der involvierten Matrizen mit steigendem n schnell sehr groß wird, kann man Computeralgebrasysteme dazu benutzen, die auftretenden Gleichungssysteme zu lösen und Inverse zu bestimmen. Ebenso kann man damit die Determinante der $n^2 \times n^2$ Matrix bestimmen um zu untersuchen, ob alle Anfangsstellungen lösbar sind. Dies kann man einerseits anhand von eingebauten Befehlen zur Berechnung von Determinanten und andererseits über das Produkt der Eigenwerte machen. Damit kann man schön Phänomene von Computeralgebrasystemen zeigen. So dauert die Berechnung mit eingebauten Befehlen aufgrund der Größe der Matrizen sehr lange, während die Berechnung über das Produkt der Eigenwerte sehr schnell geht. Dafür wird bei dem Produkt der Eigenwerte (da die Eigenwerte teilweise irrational sind) näherungsweise gerechnet, so dass als Ergebnis keine ganze Zahl herauskommt. Mit dem Hintergrundwissen, dass das Ergebnis eine ganze Zahl sein muss, kann man daraus aber leicht die korrekte Determinante erhalten.

Man kann auf diese Weise also nicht nur die Bedienung von Computeralgebrasystemen behandeln, sondern auch auf wichtige Phänomene wie unterschiedliche Laufzeiten für gleiche Berechnungen sowie Rundungsfehler hinweisen. Schlussendlich können die Berechnungen genutzt werden um Vermutungen über allgemeine Gegebenheiten aufzustellen, zum Beispiel zeigt sich, dass bei den berechneten Werten die Determinante nie ± 1 ist und dass das Auftauchen der Determinante 0 eine gewisse Regelmäßigkeit hat, so dass diese Phänomene im weiteren Verlauf untersucht werden.

4.4 Zahlentheorie

In den obigen Betrachtungen wurden teilweise schon Konzepte aus der Zahlentheorie (elementare Teilbarkeitslehre und Kongruenzrechnung) benutzt. Dies kann in einer Veranstaltung zur Zahlentheorie weiter ausgeführt werden.

Im Anschluss daran kann man die Frage aufgreifen, die sich am Ende der Veranstaltung zur Computeralgebra ergeben hat, nämlich wann die Determinante gleich 0 und wann sie gleich ±1 ist. Diese beiden Fälle sind auch für das Spiel Lights Out von besonderer Bedeutung, denn die Determinante ist genau dann gleich 0, wenn es auf einem $n \times n$ Spielfeld für jede mögliche Anzahl von Farben eine unlösbare Anfangsstellung gibt, und die Determinante ist genau dann gleich ±1, wenn auf einem $n \times n$ Spielfeld für jede mögliche Anzahl von Farben jede Anfangsstellung lösbar ist.

Der erste Fall ist aufgrund der Produktformel für die Determinante einfacher. Hier kann man nun Diophantische Gleichungen einführen und Lösungsmethoden kennenlernen, denn die Untersuchung, wann die Determinante gleich 0 ist, führt auf trigonometrische Diophantische Gleichungen. Als Abschluss der Veranstaltung kann man mit zahlentheoretischen Methoden untersuchen, wann gewisse Summen von Cosinus-Termen rational sind und damit eine Charakterisierung der Spielfeldgrößen erhalten (die nur von n modulo 30 abhängt), für die die Determinante 0 ist.

Die Frage danach, wann die Determinante ±1 ist, ist deutlich schwerer zu beantworten. Hier kann man zunächst die Produktformel für die Determinante in zwei ganzzahlige Faktoren aufteilen und dann für einen der beiden Faktoren zeigen, dass dieser betragsmäßig größer als 1 ist. Dies kann in den beiden folgenden Veranstaltungen behandelt werden.

4.5 Folgen

Ausgehend von der Fragestellung, wann die Determinante ±1 ist, kann man sich mit Folgen beschäftigen. Insbesondere lineare Rekursionen sind an dieser Stelle interessant, da sich einer der Faktoren der Determinante als Folgenglied einer speziellen Lucas-Folge schreiben lässt. Hier kann man sich auch mit Methoden beschäftigen, aus rekursiven Darstellungen von Folgen explizite Darstellungen zu erhalten und damit eine Brücke zurück zu Eigenwerten schlagen.

Beschäftigt man sich mit der konkreten Lucas-Folge, so kann man ein Resultat benutzen um zu zeigen, dass deren Folgenglieder betragsmäßig immer größer als 1 sind. Dieses Resultat führt weit über Vorlesungsstoff hinaus, kann aber sehr schön als Beispiel einer einfach zu verstehenden Aussage, die dennoch sehr schwer zu beweisen ist, angeführt werden. Dadurch lernen angehende Lehrkräfte gleich mehr über die Komplexität der Mathematik.

Man hat dadurch gezeigt, dass die Determinante nie ±1 sein kann.

4.6 Analysis

Eine zweite Vorgehensweise bietet der Bereich Analysis. Nachdem Folgen eingeführt wurden kann man sich nun mit Konvergenz, Stetigkeit, Differenzierbarkeit und schließlich Integrierbarkeit beschäftigen. Dann kann man den Logarithmus des einen Faktors der Determinante als Riemannsumme zu einem gewissen uneigentlichen Integral auffassen. Man kann nun zeigen, dass die Riemansumme gegen den Wert des Integrals konvergiert und das dieser Wert positiv ist.

Auch hierfür muss wieder ein Ergebnis benutzt werden, was über den Vorlesungsstoff hinausgeht, aber eine schöne Verbindung zwischen Analysis und Zahlentheorie aufzeigt (die Details sind in Kreh, 2018 zu finden).

Auf diese Weise kann man zeigen, dass die Determinante für „große" n nicht ± 1 sein kann. Dies bietet den Vorteil, dass man über asymptotische Ergebnisse der Art, dass eine Aussage ab einem bestimmten n (das man möglicherweise gar nicht genau angeben kann) gilt, sprechen kann.

4.7 Stochastik und Kombinatorik

Nachdem die Fragestellung zu lösbaren Anfangsstellungen vollständig behandelt wurde, kann man sich nun statistischen bzw. kombinatorischen Fragestellungen widmen. Hier gibt es eine Vielzahl von möglichen interessanten Fragen in den verschiedensten Schwierigkeitsgraden, wie zum Beispiel

- Wie viele mögliche Anfangsstellungen gibt es?
- Wie viel Prozent der Anfangsstellungen sind lösbar, bzw. wie groß ist die Wahrscheinlichkeit, dass eine zufällig gewählte Anfangsstellung lösbar ist?
- Wie viele Schritte braucht man maximal zum Lösen einer Anfangsstellung in der x Knöpfe leuchten?

Es sind natürlich noch einige weitere Fragestellungen kombinatorischer und statistischer Art denkbar. Hier kann man also mit den vier Grundaufgaben der elementaren Kombinatorik anfangen und dann zu diskreten Wahrscheinlichkeiten übergehen. Dafür muss zunächst mehr über nicht lösbare Anfangsstellungen bekannt sein. Dies kann man für das allgemeine Lights Out analog zur Behandlung der ursprünglichen Variante durchführen, die in Anderson und Feil, 1998 erfolgt ist.

4.8 Graphentheorie

Nach der bisherigen ausgiebigen Betrachtung des Spieles Lights Out gibt es nun mehrere mögliche Aspekte, das Spiel mit Graphentheorie in Verbindung zu bringen. Dafür bemerkt man, dass das Spiel Lights Out durch die Regel, welcher Knopf welchen anderen beeinflusst, einen Graphen definiert, nämlich einen $n \times n$-Gittergraphen, vgl. Abbildung 2.

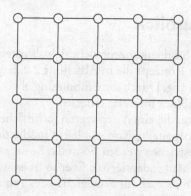

Abbildung 2: Der 5 × 5-Gittergraph

Hat man nun einen beliebigen Graphen, so kann man Lights Out auf diesem Graphen betrachten, indem man sagt, dass ein Knopf jeden durch eine Kante benachbarten Knopf beeinflusst. Damit hat man eine Verallgemeinerung des ursprünglichen Lights Out, das man weiter untersuchen kann. Besonders reguläre Graphen sind hier von Interesse, da die Betrachtung von Lights Out auf diesen Graphen besonders einfach ist.

Andererseits ist die schon mehrfach betrachtete $n^2 \times n^2$ Matrix die Adjazenzmatrix des entsprechenden Gittergraphen, so dass man automatisch Aussagen über die Adjazenzmatrix und entsprechend über den Graphen erhält.

4.9 Weiterführende Veranstaltungen

Falls es weiterführende oder vertiefende Veranstaltungen geben soll, so ist auch dies anhand des Spieles Lights Out möglich. Einerseits kann man versuchen, sich den bisher nur zitierten und nicht ausführlich betrachteten Ergebnissen zu nähern. Andererseits gibt es auch noch viele weitere Themenbereiche, mit denen man das Spiel Lights Out untersuchen kann, zum Beispiel Fibonacci-Polynome, Anfänge der Galoistheorie oder Anfänge der algebraischen Zahlentheorie (vgl. Kreh, 2018).

Alternativ kann man sich auch eine der unzähligen Varianten des Spieles Lights Out ansehen und diese mathematisch untersuchen. Es gibt einige Varianten, die mit sehr ähnlichen Methoden zu untersuchen sind und die ähnliche Ergebnisse liefern. Dadurch schult man automatisch das mathematische Denken der Studierenden, indem Sie sich zum einen mögliche Verallgemeinerungen selbst überlegen müssen und zum anderen das Gelernte auf ein neues (aber ähnliches) Problem anwenden müssen.

5 Fazit und Ausblick

Durch das vorgestellte Studienkonzept zieht sich als roter Faden das Spiel Lights Out. Damit erfüllt das Konzept die in Abschnitt 2.2 dargelegte Notwendigkeit der vertikalen Vernetzung. Durch die Einbindung eines Spieles in das Konzept lässt sich weiterhin erhöhtes Interesse erhoffen.

Für Studienkonzepte, die einen geringeren fachmathematischen Umfang anstreben lässt sich das vorgestellte Konzept leicht modifizieren, indem bestimmte Inhalte gekürzt oder gestrichen werden. So ist das Konzept theoretisch für nahezu jeden gewünschten Umfang adaptierbar. Ebenso ist es aufgrund des hohen fachwissenschaftlichen Anteils auch für Studierende des gymnasialen Lehramts oder Fachstudierende (zumindest teilweise) einsetzbar.

Leider ist die Zielerfüllung des vorgestellten Konzepts (insbesondere das angestrebte erhöhte fachliche Interesse) aufgrund des hohen Umfangs nur schwer zu überprüfen. Dafür könnte man zunächst die Inhalte etwas stauchen und versuchen, einen Teil dieses Konzeptes in zwei bis drei Semestern zu realisieren. In dem Fall kann man, ohne ein ganzes Studienkonzept ändern zu müssen, Studien zum Nutzen des Konzeptes durchführen. Derartige Untersuchungen können Teil weiterer Arbeiten sein.

Es gibt auch weitere mögliche Probleme bei diesem Konzept. So gibt es einerseits die organisatorische Schwierigkeit, die Vernetzung der Veranstaltungen in dieser Weise über verschiedene Dozenten hinweg zu organisieren. Ist man sich jedoch einig, das vorgestellte Konzept ausprobieren zu wollen, so sollte eine Abstimmung über verschiedene Veranstaltungen hinweg nicht schwer fallen.

Darüber hinaus kann es Studierende geben, die das Spiel nicht interessant finden und dann während eines großen Teiles ihres Studiums dennoch damit konfrontiert werden. Da man in den fachmathematischen Lehrveranstaltungen bei den behandelten Themen aber, neben den für Lights Out erzielten Resultaten, auch gut andere Beispiele anbringen kann und sich bei der Behandlung des fachmathematischen Inhaltes an sich auf die Mathematik und nicht auf das Spiel konzentriert werden kann, kann man auch diesem Problem entgegenwirken.

Literatur

Anderson, Marlow und Todd Feil (1998). „Turning Lights Out with Linear Algebra". In: *Mathematics Magazine* 71.4, S. 300–303.

Brinkmann, Astrid, Jürgen Maaß, Günther Ossimitz und Hans-Stefan Siller (2017). „Vernetzungen und vernetztes Denken im Mathematikunterricht". In: *Mathe vernetzt. Anregungen und Materialien für einen vernetzten Mathematikunterricht.*

Hrsg. von Matthias Brandl, Astrid Brinkmann, Jürgen Maaß und Hans-Stefan Siller. Bd. 1. MUED, S. 7–21.

Brinkmann, Astrid und Hans-Stefan Siller (2017). „Vertikale Vernetzung über außermathematische Anwendungskontexte". In: *Mathe vernetzt. Anregungen und Materialien für einen vernetzten Mathematikunterricht.* Hrsg. von Matthias Brandl, Astrid Brinkmann, Jürgen Maaß und Hans-Stefan Siller. Bd. 3. MUED, S. 7–24.

Buchholtz, Nils und Armin Jentsch (2015). „Zusammenhänge zwischen berufswahlbezogener Motivation und fachmathematischem und mathematikdidaktischem Wissen bei Mathematiklehramtsstudierenden". In: *Beiträge zum Mathematikunterricht 2015.* Hrsg. von F. Caluori, H. Linneweber-Lammerskitten und C. Streit. WTM Verlag, S. 216–219.

Eccles, Jacquelynne S. und Allan Wigfield (2002). „Motivational Beliefs, Values and Goals". In: *Annual Review of Psychology* 53, S. 109–132.

Fischer, Lorenz und Günter Wiswede (2001). *Grundlagen der Sozialpsychologie.* 17. Aufl. Oldenbourg.

Fischer, Roland (1991). „Hierarchie und Alternative - Charakteristika von Vernetzungen". In: *Vernetzung und Widerspruch. Zur Neuorganisation von Wissenschaft.* Hrsg. von A. Pellert. Profil-Verlag, S. 121–164.

Förster, Frank (1997). „Anwenden, Mathematisieren, Modellbilden". In: *Mathematikunterricht in der Sekundarstufe II. Band 1: Grundfragen – Didaktik der Analysis.* Hrsg. von Uwe-Peter Tietze, Manfred Klika und Heinz Wolpers. Vieweg, S. 121–150.

Grüneberg, Tillmann und Antje Knopf (2015). *Studienmotivation im Lehramt.* Universität Leipzig.

Hessisches Lehrerbildungsgesetz (2016). `http://www.lexsoft.de/cgi-bin/lexsoft/justizportal_nrw.cgi?xid=448423,1`. URL: `http://www.lexsoft.de/cgi-bin/lexsoft/justizportal_nrw.cgi?xid=448423,1`.

Heublein, Ulrich, Christopher Hutzsch, Jochen Schreiber, Dieter Sommer und Georg Besuch (2010). *Ursachen des Studienabbruchs in Bachelor- und in herkömmlichen Studiengängen.* HIS: Forum Hochschule.

Kolter, Jana und Michael Liebendörferand Stanislaw Schukajlow (2015). „Mathenein danke? Interesse, Beliefs und Lernstrategien im Mathematikstudium bei Grundschullehramtsstudierenden mit Pflichtfach". In: *Lehren und Lernen von Mathematik in der Studieneingangsphase.* Hrsg. von Axel Hoppenbrock, Rolf Biehler, Reinhard Hochmuth und Hans-Georg Rück. Springer, S. 567–583.

Koppitz, Nicole (2016). „Einschätzung von Studierenden zu den eigenen fachbezogenen Fähigkeiten und zur Motivation". In: *Beiträge zum Mathematikunterricht 2016.* WTM Verlag, S. 553–556.

Koppitz, Nicole und Christof Schreiber (2015). „Advice and guidance for students enrolled in teaching mathematics at primary level". In: *CERME 9 - Ninth Congress of the European Society for Research in Mathematics Education*. Hrsg. von Konrad Krainer und Nad'a Vondrová, S. 2840–2846.

Krawitz, Janina und Stanislaw Schukajlow (2018). „Do students value modelling problems, and are they confident they can solve such problems? Value and self-efficacy for modelling, word, and intra-mathematical problems". In: *ZDM Mathematics Education* 50, S. 143–157.

Kreh, Martin (2017). „„Lights Out" and Variants". In: *The American Mathematical Monthly* 124.10, S. 937–950.

– (2018). „A Link to the Math - Connections Between Number Theory and Other Mathematical Topics". Diss. Universität Hildesheim.

Krug, André und Stanislaw Schukajlow (2013). „Problems with and without connection to reality and students' task-specific interest". In: *Proceedings of the 37th Conference of the International Group for the Psychology of Mathematics Education*. Hrsg. von A. M. Lindmeier und A. Heinze. Bd. 3, S. 209–216.

Liebendörfer, Michael und Stanislaw Schukajlow (2017). „Interest development during the first year at university: do mathematical beliefs predict interest in mathematics?" In: *ZDM Mathematics Education* 49, S. 355–366.

Likert, Rensis (1932). „A Technique for the Measurement of Attitudes". In: *Archives of Psychology* 22.140, S. 5–55.

National Council of Teachers of Mathematics (2000). *Principles and Standards for School Mathematics*. https://www.nctm.org/uploadedFiles/Standards_and_Positions/PSSM_ExecutiveSummary.pdf. URL: https://www.nctm.org/uploadedFiles/Standards_and_Positions/PSSM_ExecutiveSummary.pdf.

Niss, Mogens, Werner Blum und Peter Galbraith (2007). „Introduction". In: *Modelling and Applications in Mathematics Education*. Hrsg. von Peter Galbraith, Hans-Wolfgang Henn und Mogens Niss. The 14th ICMI Study. Springer, S. 3–32.

Pohlmann, Britta und Jens Möller (2010). „Fragebogen zur Erfassung der Motivation für die Wahl des Lehramtsstudiums (FEMOLA)". In: *Zeitschrift für Pädagogische Psychologie* 24.1, S. 73–84.

Rach, Stefanie und Aiso Heinze (2013). „Welche Studierenden sind im ersten Semester erfolgreich?" In: *Journal für Mathematik-Didaktik* 34, S. 121–147.

Rellensmann, Johanna und Stanislaw Schukajlow (2017). „Does students' interest in a mathematical problem depend on the problem's connection to reality? An analysis of students' interest and pre-service teachers' judgments of students' interest in problems with and without a connection to reality". In: *ZDM Mathematics Education* 49, S. 367–378.

Retelsdorf, Jan und Jens Möller (2012). „Grundschule oder Gymnasium? Zur Motivation ein Lehramt zu studieren". In: *Zeitschrift für Pädagogische Psychologie* 26.1, S. 5–17.

Schiefele, Ulrich, Andreas Krapp und Inge Schreyer (1993). „Metaanalyse des Zusammenhangs von Interesse und schulischer Leistung". In: *Zeitschrift für Entwicklungspsychologie und Pädagogische Psychologie* 10.2, S. 120–148.

Ufer, Stefan, Stefanie Rach und Timo Kosiol (2017). „Interest in mathematics = interest in mathematics? What general measures of interest reflect when the object of interest changes". In: *ZDM Mathematics Education* 49, S. 497–409.

Verordnung über Masterabschlüsse für Lehrämter in Niedersachsen (2015). `http://www.nds-voris.de/jportal/?quelle=jlink&query=MALehrV+ND&psml=bsvorisprod.psml&max=true&aiz=true`. URL: `http://www.nds-voris.de/jportal/?quelle=jlink&query=MALehrV+ND&psml=bsvorisprod.psml&max=true&aiz=true`.

Vester, Frederic (2002). *Unsere Welt - ein vernetztes System*. 11. Aufl. dtv.

Einführung des Projektbandes „Graphentheorie in der Grundschule"

Melissa Windler

Abstract *Im Zuge von GHR 300 ist im Zusammenhang mit der Praxisphase die Einführung von Projektbändern entstanden. In diesen sich über drei Semester erstreckenden Seminaren (Vorbereitungs-, Begleit- und Nachbereitungsseminar) entwickeln Studierende eigene Forschungsschwerpunkte. Die entsprechenden Studien führen die Teilnehmerinnen und Teilnehmer innerhalb ihrer Praxisphase durch und evaluieren ihre empirischen Ergebnisse. Die Universität Hildesheim bietet seit dem Wintersemester 2016/2017 das Projektband „Graphentheorie in der Grundschule" an. Innerhalb dieses Artikels werden Gründe für den Einsatz dieses Themengebietes herausgestellt sowie das Projektband mit seinen inhaltlichen und forschungsmäßigen Schwerpunkten dargestellt. Das Ziel besteht darin, die aus den Forschungsprojekten gewonnenen Ergebnisse sowie die Rückmeldungen der Studierenden zum Projektband zu nutzen, um weitere Aspekte für eine Umsetzung dieses mathematischen Gebietes sowohl in der Lehramtsausbildung als auch im schulischen Kontext herauszuarbeiten und zu diskutieren.*

1 Einleitung

Der Umgang mit Vielfalt in der mathematischen Schul- und Lehramtsausbildung wird zum einen durch den Blick auf die individuellen Entwicklungen der Beteiligten geprägt. Zum anderen sollte sich dieser Blick ebenso auf die Vielfalt an Lehrinhalten richten. Mit Fragen danach, was einen guten Mathematikunterricht ausmacht und welche Inhalte sich am besten für die Schülerinnen und Schüler sowie Studierenden eignen, setzen sich Kultusministerien, Behörden, Lehrpersonen sowie Forschende immer wieder auseinander. Es knüpft die folgende Fragestellung daran an: Welche Lehrinhalte außerhalb der derzeitigen eignen sich besonders zur

Entwicklung mathematischer Kompetenzen bei Schülerinnen und Schülern sowie Studierenden?

Ein möglicher Themenbereich scheint die Graphentheorie zu sein. Die Graphentheorie bildet ein Kerngebiet der Diskreten Mathematik. Den ersten wissenschaftlichen Beitrag hat der Mathematiker Leonhard Euler zum Königsberger Brückenproblem geleistet, der dadurch als Begründer der Graphentheorie gilt (vgl. Euler, 1741). Anhand verschiedener Problemstellungen wurde die Graphentheorie daraufhin seit dem 18. Jahrhundert von mehreren Personen begründet.

Durch die rasanten Fortschritte der letzten Jahrzehnte in der Computertechnik kommt ihr heute sowohl für das Fach Mathematik als auch für das Fach Informatik eine große Bedeutung zu. Die Graphentheorie ist weiterhin ein stark wachsendes mathematisches Gebiet mit hoher inner- und außermathematischer Relevanz. Konkrete Anwendungsbeispiele in technisch-wirtschaftlichen und anderen gesellschaftlich relevanten Zusammenhängen sind unter anderem Routenplanungen, Navigationsgeräte, Verkehrsnetze, Betriebsabläufe, kreuzungsfreie Schienen, aber auch Sitzordnungen bei Klassenarbeiten und viele weitere (vgl. Tittmann, 2011, S. 5 f.). Diese genannten Inhalte bilden nur einen geringen Teil des gesamten Gebietes, dennoch zeigen sie bereits, dass die Graphentheorie Verfahren zur Lösung unterschiedlichster Problemstellungen bereitstellt.

Für die Didaktik sind insbesondere die leichte Zugänglichkeit, die großen Differenzierungsmöglichkeiten und die hohe Anwendungsfreudigkeit sowie Anschaulichkeit graphentheoretischer Methoden interessant (vgl. Bigalke, 1974). Diese Aspekte können sich neben den zahlreichen Anwendungsmöglichkeiten im Alltag (vgl. Leneke, 2011, S. 536) motivationsfördernd auf Schülerinnen und Schüler sowie Studierende auswirken und deren Einstellung gegenüber dem (Studien-)Fach Mathematik positiv beeinflussen. Viele Gründe sprechen somit für den Einsatz der Graphentheorie im Mathematikunterricht und systematische Informationen darüber, warum sie derzeit kein Bestandteil ist, gibt es nicht. Es erscheint daher sinnvoll, das Gebiet der Graphentheorie in der Lehrer- und Lehramtsausbildung aufzugreifen und zu behandeln.

2 Graphentheorie im Kontext Schule und Universität

Innerhalb des niedersächsischen Kerncurriculums Mathematik für die Grundschule taucht der Bereich Graphentheorie nicht gesondert auf. Jedoch können deutliche Übereinstimmungen zwischen den angestrebten Kompetenzen aus dem Kerncurriculum und den zu erwartenden Kompetenzen innerhalb graphentheoretischer Unterrichtsstunden festgehalten werden. Konkrete Verknüpfungen befinden sich in der Planung einer Unterrichtseinheit zur Graphentheorie für die vierte Klasse von Windler (2018). Außerdem sind nur geringe mathematische Vorkenntnisse erforderlich, um graphentheoretische Problemstellungen zu verstehen. Bereits mit wenigen Fachbegriffen können Schülerinnen und Schüler vollständige Lösungsvorschläge erarbeiten und das sogar häufig ganz ohne zu rechnen.

Dadurch bietet diese Thematik allen die Möglichkeit, mit viel Engagement im Unterricht mitzuarbeiten und Spaß am Fach Mathematik (wieder) zu gewinnen. Zum Aufbau dieser Motivation trägt ebenfalls bei, dass die behandelten Probleme leicht mit vertrauten Dingen aus dem Alltag der Kinder in Zusammenhang gebracht werden können (beispielsweise kürzeste Schulwege oder Stammbäume). Ebenso können Inhalte aus der Graphentheorie eine große Experimentierfreudigkeit wecken, ohne eine geometrische Festlegung bei den Darstellungen berücksichtigen zu müssen (vgl. Lutz-Westphal, 2006, S. 87). Weiterhin liegt mit diesem Themenfeld ein realistischer, anwendungs- und problemorientierter Unterricht zugrunde. Damit verbunden werden weitere prozessbezogene Fähigkeiten wie Kommunizieren und Argumentieren, Darstellen, Modellieren und Problemlösen verstärkt geübt. Zur Unterstützung der Entwicklung dieser Kompetenzen dient eine Visualisierung der einzelnen Problemsituationen mit graphentheoretischen Elementen. Insgesamt besitzen Graphen eine hohe Anschaulichkeit, da die Übergänge zwischen enaktiver, ikonischer und symbolischer Darstellungsebene sehr leicht sind (vgl. Floer, 1977, S. 40 ff.).

Die Graphentheorie bietet eine sehr große Aufgabenvielfalt, womit sowohl die Differenzierung als auch die einzelnen Kompetenzbereiche aus den Kerncurricula aller Schulformen Beachtung finden. Dahingegen stellt sich die Frage, warum die Kerncurricula in Niedersachsen für das Fach Mathematik nicht explizit die Graphentheorie beinhalten. In nur wenigen Ausnahmen, wie zum Beispiel in der Stochastik zur Darstellung von Wahrscheinlichkeitspfaden, taucht Graphentheorie auf. Der größte Teil des Unterrichtsstoffes wird von Arithmetik, Algebra, Analysis und Geometrie dominiert. Dabei kommt das Wort *Graph* lediglich in der Bedeutung eines Funktionsgraphen vor.

Graphentheoretische Inhalte können jedoch aufgrund der derzeitigen digitalen Transformation sowohl für den Mathematikunterricht als auch für das immer stärker geforderte Schulfach Informatik für die Grundschule eine große Bedeutung wie folgt erlangen:

Da für die Bearbeitung graphentheoretischer Probleme nur wenige Begriffe nötig sind und die Fragestellungen aus dem Alltag der Schülerinnen und Schüler stammen, können bereits erste Erarbeitungsphasen in Gruppen stattfinden, in denen sich die Schülerinnen und Schüler eigens mit den Problemstellungen auseinandersetzen. Die Lerninhalte lassen sich leicht an die individuellen Lernstände der Lernenden anpassen, sodass Lernen auf allen Niveaustufen möglich wird bzw. ist.

Das Vorgehen, Graphen durch Wegnahme oder Hinzufügen von Kanten einfacher oder komplexer zu gestalten, ist nur eine von vielen Maßnahmen dafür, die innere Differenzierung im Unterricht zu berücksichtigen.

Blickt man auf das gesamte Potenzial graphentheoretischer Inhalte, so resultieren hieraus folgende Untersuchungsschwerpunkte:

- Untersuchung graphentheoretischer Teilgebiete auf Verwendbarkeit für den Mathematikunterricht als anderen Zugang zu üblichen Inhalten und Phänomenen
- Aufgabenentwicklung mit problemlöseorientiertem, anwendungsbezogenem und spielerischem Hintergrund
- Untersuchung graphentheoretischer Teilgebiete auf Verwendbarkeit für den Mathematikunterricht hinsichtlich interdisziplinärer Möglichkeiten
- Entwicklung einer Veranstaltungsreihe, die angehende Lehrpersonen für das Potenzial der Graphentheorie in den Anfängen der Mathematikausbildung im frühkindlichen Bereich sensibilisiert und auf eine Verwendung der Graphentheorie in der Grundschule geeignet vorbereitet

Ein weiterer wesentlicher Aspekt ist eine mögliche Umsetzung graphentheoretischer Fragestellungen im Informatikunterricht. Viele Problemstellungen bieten algorithmische Vorgehensweisen zur Lösung der Aufgaben. Vor allem in höheren Klassenstufen können die Schülerinnen und Schüler die Algorithmen, die zur Lösung der Problemstellungen führen, selbst mit einer geeigneten Programmiersprache implementieren und die Lösungen graphisch darstellen. Dadurch können algorithmische Denkweisen bei Schülerinnen und Schülern initiiert und gefördert werden.

Es scheint daher sinnvoll zu sein, eine aus früheren Zeiten existierende Idee zur Integration graphentheoretischer Konzepte sowohl im Mathematikunterricht der Grundschule als auch in der Lehramtsausbildung erneut aufzugreifen.

Graphentheorie im universitären Kontext Seit ca. sechs Jahren wird an der Universität Hildesheim das Themenfeld *Graphentheorie* in die Ausbildung von Lehrkräften mit dem Ziel integriert, ein möglichst breites und aktuelles Bild von Mathematik zu vermitteln sowie das forschende Lernen in die Ausbildung einzubeziehen. Grundschulstudierende im fünften Bachelorsemester können fachwissenschaftliche Vorlesungen und Seminare zur Graphentheorie wählen und auf Grundlage der Seminarthemen eine themenbezogene Bachelorarbeit schreiben.

Anknüpfend an die vorherigen Ausführungen zur Graphentheorie ist das zusätzliche Angebot für Studierende entstanden: der Einsatz graphentheoretischer Konzepte innerhalb eines Projektbandes im Lehramtsstudium Mathematik.

3 Projektband *Graphentheorie in der Grundschule*

Nach einer kurzen Einführung in die schulische Ausbildung an der Universität werden innerhalb der folgenden Kapitel das Projektband, die Ergebnisse aus den Forschungsprojekten sowie eine Evaluation zum Projektband dargestellt.

3.1 Allgemeine schulische Ausbildung an der Universität Hildesheim

Die Universität Hildesheim bietet für Lehramtsstudierende eine sehr praxisnahe Ausbildung. Derzeit bestehen Kontakte zu ca. 300 Partnerschulen, die ab dem ersten Semester bis hin zum GHR 300 den Studierenden unter anderem ermöglichen, in Form von Hospitationswochen, Praktika sowie Praxisphasen das Berufsfeld Schule kennenzulernen und den Schülerinnen und Schülern fachliche Inhalte zu vermitteln. Dabei wird der Zusammenarbeit zwischen Mentorinnen und Mentoren, Studienseminaren, den Lehrbeauftragten in der Praxisphase (LiPs) sowie einem Regionalnetz viel Bedeutung beigemessen. Ebenso tragen regelmäßige Fachnetztreffen dazu bei, den Austausch zwischen den Schulen und der Universität zu fördern. Dadurch bietet die Universität die Möglichkeit, fachwissenschaftliche und fachdidaktische Themen und Methoden im Unterricht zu integrieren, kritisch zu analysieren und empirisch zu erforschen.

Diese Aspekte sind eine Voraussetzung dafür, dass innerhalb der Projektbänder die Studierenden eigene empirische Forschungen entwickeln und konzipieren sowie gemeinsam mit den Lehrpersonen und den Schülerinnen und Schülern ihre Ideen umsetzen können.

3.2 Ziele des Projektbandes

Aus Sicht des Konzepts *Forschendes Lernen:* Das Projektband bildet die Struktureinheit für das Forschende Lernen. Die Studierenden können konkrete Fragestellungen aus der erlebten schulischen Praxis als persönliches Forschungsprojekt aufgreifen und sie eigenständig unter Anwendung von geeigneten Forschungsmethoden bearbeiten. Im Projektband lernen die Teilnehmerinnen und Teilnehmer Ergebnisse aus bestehenden und eigens entwickelten Forschungen zu interpretieren, kritisch zu reflektieren und selbst eine forschende Perspektive einzunehmen. Im Zentrum steht dabei eine Projektidee, die innerhalb der Praxisphase in Verbindung mit Theorie- und Praxiswissen erprobt werden soll. Hierfür werden Kenntnisse aus der Theorie in die forschende Praxis übertragen.

Ziele aus Sicht des Konzepts *Forschendes Lernen* sind vor allem

- intensivere Verzahnung von Theorie und Praxis,
- stärker selbstreflektierende Haltungen dem angestrebten Berufsfeld gegenüber auszubilden sowie
- wissenschaftliche Kompetenzen zu vermitteln, die die Studierenden praxisnah in einem Forschungsfeld (z. B. der Schule) umsetzen können.

Aus Sicht der Thematik *Graphentheorie:*   Die Graphentheorie ist bereits seit den 70er Jahren für den Einsatz im Mathematikunterricht präsent. Besonders Winter (1971) und Bigalke (1974) plädieren für das hohe didaktische Potenzial dieses Stoffes und die Förderung des kreativen, argumentierenden und kombinatorischen Denkens. Auch aktuelle Einstellungen gegenüber der Graphentheorie zeigen, dass dieses Gebiet zahlreiche Anwendungsbeispiele und anschauliche Modelle auf unterschiedlichen Niveaustufen bietet (Leneke, 2011). Eine entsprechende Umsetzung innerhalb der Sekundarstufe hat Lutz-Westphal (2006) bereits durchgeführt. Für den Bereich der Grundschule gibt es bisher keine konkreten Umsetzungs- und Einsetzungsvorschläge sowie empirische Studien. Lediglich eine Studie zeigt, welche Auswirkungen graphentheoretische Konzepte auf psychologische Konstrukte von Grundschülerinnen und -schülern haben (Windler, 2018).

Ziele aus Sicht der Thematik *Graphentheorie* sind vor allem

- eine aus früheren Zeiten existierende Idee erneut aufzugreifen,
- Ansätze für graphentheoretische Forschung im Bereich der (Grund-)Schule zu entwickeln sowie
- das Forschungsfeld einzugrenzen.

3.3 Inhalte der Seminare

Das Projektband gliedert sich in drei Seminarformate und startet zunächst mit einem Vorbereitungsseminar im Wintersemester. Daran knüpft ein Begleitseminar im darauffolgenden Sommersemester an, während die Studierenden ihre Forschungsprojekte in der Praxisphase umsetzen. Abschließend werden innerhalb eines Nachbereitungsseminars im Wintersemester die Projekte abgeschlossen und auf der sogenannten Projektbörse vorgestellt. Die genauen Inhalte dieser drei Seminare des Projektbandes *Graphentheorie in der Grundschule* werden im Folgenden dargestellt.

Vorbereitungsseminar: Innerhalb des Vorbereitungsseminars, das der Themenfindung für das Projekt dient, beziehen sich die Inhalte zum einen auf allgemein typische Forschungsaspekte:

- Forschendes Lernen in der Schule
- Qualitative und quantitative Forschungsprozesse
- Aufbau eines Forschungsberichts
- Entwicklung eigener Forschungsprojekte mit einer konkreten Forschungsfrage

Zum anderen steht der Bereich Graphentheorie im Mittelpunkt der Seminarsitzungen. Es werden fachwissenschaftliche und fachdidaktische Aspekte erarbeitet sowie der derzeitige Forschungsstand herausgestellt.

Die einzelnen Projektthemen werden in Absprache mit den Lehrenden aus schulischen und unterrichtlichen Kontexten sowie den Inhalten der jeweiligen Vorbereitungsveranstaltung entwickelt. Die Projekte, die in der Regel einen Bezug zum Themenkreis Schule und Unterricht aufweisen, werden während der Zeit im Praxisblock durchgeführt.

Begleitseminar: Während der Durchführung der Projekte findet das Begleitseminar statt. Diese Veranstaltung begleitet die Praxisphase sowie die Forschungsprojekte auf methodische und inhaltliche Weise. Hier steht vor allem die Weiterentwicklung von Projektthemen und Forschungsdesigns im Mittelpunkt, die sich aus der Praxis ergeben. Die eigenständige Planung und Durchführung der Forschungsprojekte werden durch methodische Kenntnisse unter Einbezug der Erhebungsinstrumente erweitert und reflektiert.

Projektbörse und Nachbereitungsseminar: Nach Abschluss der Praxisphase findet die Projektbörse sowie die Nachbereitungsveranstaltung statt. Im Rahmen der Projektbörse werden die einzelnen Forschungsprojekte im derzeitigen Status quo vorgestellt. Dafür erstellen die Studierenden eigens konzipierte Poster im Tagungsformat, sodass sich die Teilnehmerinnen und Teilnehmer bei der stattfindenden Postersession einen Überblick über alle Projekte aus unterschiedlichen Fachrichtungen verschaffen können. Die Nachbereitung des Projektbandes dient dazu, die erhobenen Daten der individuellen Projekte im Projektband aufzuarbeiten und auszuwerten. Im Rahmen von Kurzpräsentationen und anschließendem gemeinsamen Austausch werden noch einmal Tipps und Anregungen gegeben, sodass eine letzte Überarbeitung bzw. Aufbereitung der Daten und der Berichte erfolgen kann. Das Seminar dient ebenso dazu, den abschließenden Projektbericht zu Ende und zur Diskussion zu stellen. Aus den eigens erarbeiteten Projektfragestellungen und -konzeptionen können die Studierenden mit ihrer Masterarbeit anknüpfen und ihre Projekte erweitern, verändern oder ähnliches. Die entwickelten Projekte werden in den folgenden Kapiteln dargestellt.

3.4 Forschungsprojekte zur Graphentheorie

Innerhalb des Projektbandes haben die Studierenden zu unterschiedlichen Fragestellungen Forschungsprojekte durchgeführt. Beispielhafte Fragestellungen lauteten:

1. „Inwieweit werden graphentheoretische Inhalte in ausgewählten Mathematik-schulbüchern berücksichtigt?"

2. „Welches kompetenzbezogene Potenzial sehen Lehrpersonen für den Einsatz der Graphentheorie im Mathematikunterricht?"

3. „Inwieweit lassen sich

    a) der Vier-Farben-Satz,
    b) das Finden von Eulerkreisen sowie
    c) das Kürzeste-Wege-Problem

   im Mathematikunterricht der Grundschule umsetzen?"

Anhand dieser Fragen wird deutlich, dass ein breites Forschungsspektrum abgedeckt wurde, welches sowohl unterschiedliche Methoden, Analysen und Stichproben umfasste sowie verschiedene fachwissenschaftliche Themen aus der Graphentheorie behandelte. Neben Analysen von Schulbüchern wurden ebenso Interviews mit Schülerinnen und Schülern sowie Lehrpersonen durchgeführt. Außerdem kreierten die Studierenden eigene Unterrichtsmaterialien, die im Hinblick auf einen geeigneten Einsatz im Unterricht kritisch analysiert wurden.

Die Ergebnisse aus den einzelnen Forschungsbereichen lassen sich wie folgt zusammenfassen:

1. Innerhalb der Analyse der vier ausgewählten Schulbücher *Welt der Zahl 1-4* des Schroedel-Verlags, *Nussknacker 1-4* und *Das Zahlenbuch 1-4* des Klett-Verlags sowie *Sputnik 1-4* des Westermann-Verlags zeigte sich anhand einer Dokumentenanalyse, dass graphentheoretische Inhalte in Form von offenen, halboffenen und geschlossenen Aufgabenformaten zu finden waren. Diese Aufgaben behandelten sowohl das Kürzeste-Wege-Problem, das Finden von Eulerkreisen sowie Färbungsprobleme. Außerdem wurden damit vor allem die prozessbezogenen Kompetenzen *Mathematisches Modellieren* und *Mathematisches Problemlösen* abgedeckt.

2. Durch die Befragungen von Lehrpersonen unter Zuhilfenahme von Fragebögen und einer Auswahl an graphentheoretischen Aufgaben wurde deutlich, dass der Begriff *Graphentheorie* nur bei wenigen bekannt ist, dennoch wurden inhaltliche Aufgaben aus dieser Thematik vor allem den Kompetenzbereichen *Zahlen*

und Operationen, Größen und Messen sowie *Mathematisches Problemlösen* zugeordnet. Dass das größte Förderpotenzial im Bereich des Problemlösens liegt,
deckt sich mit Erkenntnissen aus den damaligen Anfängen der Graphentheorie
im Kontext Schule. Die hohe Problemfreudigkeit nannte Bigalke in seinem Beitrag bereits im Jahr 1974, indem er hervorhob, dass die Graphentheorie beim
Lernen von Mathematik ein wichtiger Faktor sei, da diese eine Problemfreudigkeit auf jedem beliebigen Niveau ausstrahle. Trotz der hohen Anschaulichkeit
der Graphentheorie wurde die Kompetenz *Mathematisches Darstellen* kaum
von Lehrpersonen genannt. Dies könnte darauf zurückzuführen sein, dass die
Graphen, die eine Bearbeitung der Aufgaben erleichtern können, ausgehend
von den Aufgaben und ohne graphentheoretisches Hintergrundwissen nicht
direkt ersichtlich sind.

3a) Der graphentheoretische Inhalt des Vier-Farben-Satzes setzt zunächst keine
Kenntnisse der Schülerinnen und Schüler voraus und leitet sie zum selbstständigen Arbeiten und Ausprobieren an. Die Schülerinnen und Schüler einer dritten
Klasse äußerten bei der Erarbeitung solcher Problemstellungen Aspekte wie „es
hat Spaß gemacht", „uns wurde neues Wissen vermittelt" sowie „Mathematik
ist nicht nur rechnen". Auswertungen eines eingesetzten Fragebogens haben
ergeben, dass die Schülerinnen und Schüler das vermehrte selbstständige und
individuelle Arbeiten zum Vier-Farben-Problem als etwas Besonderes aufgefasst haben. Einige Schülerinnen und Schüler erkannten bereits in der für sie
völlig unbekannten Thematik den Mehrwert für den Unterricht in der Schule.
Die Anwendungsfreudigkeit zeigt sich vor allem in der variablen Gestaltung
solcher Probleme; so kann jedes Mandala im Sinne dieses mathematischen
Kontextes gefärbt werden, aber auch jedes andere Bild, welches freie ungefärbte
Flächen besitzt.

3b) Beim Finden von Eulerkreisen zeigte sich durch die gewählten Methoden
Interviews und Beobachtungen, dass Schülerinnen und Schüler einer ersten
Klasse hauptsächlich durch systematisches Ausprobieren nach einer möglichen
Lösung suchten. In Bezug auf die Planarität eines Graphen lässt sich festhalten,
dass ein nicht-planarer Graph, der viele Schnittpunkte der Kanten enthält,
die Suche nach einem Eulerschen Kantenzug deutlich erschwert hat. Dies
ist auf die Art der Darstellung zurückzuführen, die einen Einfluss auf den
Schwierigkeitsgrad der Lösungssuche hat. Hinsichtlich der Komplexität eines
Graphen stellte sich heraus, dass die befragten Schülerinnen und Schüler durch
die erhöhte Anzahl an Knoten und Kanten keinerlei Schwierigkeiten hatten,
einen Eulerschen Kantenzug zu finden.

3c) Das Kürzeste-Wege-Problem findet vor allem Anwendung, wenn eine schnellste bzw. kürzeste Route gesucht wird. Eine solche Route kann mit Hilfe eines bewerteten Graphen dargestellt und ermittelt werden. Ein typisches Beispiel hierfür sind vor allem Navigationsgeräte. Die Schülerinnen und Schüler einer ersten Klasse konnten unabhängig von ihrem Fachwissen die graphentheoretischen Aufgaben bearbeiten. Diese Erkenntnis resultiert aus der Auswertung von durchgeführten Interviews in Bezug auf graphentheoretische Problemstellungen. Die Schülerinnen und Schüler waren mit viel Freude und Motivation an die Bearbeitung der graphentheoretischen Probleme herangegangen und konnten diese mit Unterstützung adäquat lösen. Sie haben verstanden, dass das Ermitteln des kürzesten Weges die beste Methode ist, schnellstmöglich von einem Ort zum anderen zu gelangen. Sie haben damit intuitiv das Prinzip des Problems angewendet, wenn die Begründungen auch meist nicht sofort mathematischer Natur waren oder ein Alltagsbezug für sie erkenntlich wurde.

Zusammenfassend ist festzuhalten, dass graphentheoretische Inhalte in der Primarstufe eingesetzt werden können. Die Inhalte bzw. Aufgaben veranlassen Schülerinnen und Schüler aller Fachwissensstände zu einer Auseinandersetzung mit einem unbekannten Problem, bis die geforderte Lösung gefunden wird. Dabei werden nicht nur inhalts-, sondern vor allem auch prozessbezogene Kompetenzen gefördert. Dies ist nicht auf einen Themenbereich der Graphentheorie zu reduzieren, sondern durchzieht das gesamte Spektrum ausgewählter Aufgaben. Hervorzuheben ist vor allem, dass die Aufgaben die Kompetenz *Mathematisches Problemlösen* ansprechen, womit insbesondere auch eine Verknüpfung mit der Realität und dem Alltag der Schülerinnen und Schüler erreicht werden kann.

Bei den befragten Lehrpersonen zeigt sich insgesamt eine sehr facettenreiche Einstellung. Die Befragten nehmen zum Großteil eine sehr zustimmende Haltung ein. Sie erkennen und benennen viele der auch in der Literatur aufgeführten Vorteile der Graphentheorie. Zu diesen gehören, dass die Aufgaben die Schülerinnen und Schüler motivieren, ihnen Spaß machen, einen hohen Alltagsbezug aufweisen, eine große Anschaulichkeit bieten, aus der Lebenswelt der Kinder stammen und sich besonders eignen, um die Problemlösefähigkeiten zu fördern.

Die Forschungsprojekte der Studierenden tragen einen großen Schritt zu der übergeordneten Fragestellung bei, ob sich graphentheoretische Aufgaben im Mathematikunterricht der Grundschule eignen und ob diese einen dauerhaften Platz im Mathematikunterricht einnehmen sollten. Anhand der dargestellten Ergebnisse gibt es einige Gründe, die für den Einsatz der Graphentheorie im Mathematikunterricht sprechen. Ausgehend hiervon schließen sich weitere Untersuchungen und Forschungsfragen an, die die einzelnen Gebiete spezifischer beantworten und begründen können. Demnach wäre es denkbar, entwickelte Aufgaben im

Unterricht in weiteren ausgereifteren Unterrichtseinheiten anzuwenden und nach der Durchführung erneut einen Blick auf einen begründeten Einsatz zu werfen.

3.5 Gesamtevaluation des Projektbandes

Eine Evaluation des Projektbandes hat ergeben, dass die teilnehmenden Studierenden ($n = 27$) aufgrund der entwickelten und durchgeführten Projekte graphentheoretische Inhalte in der Grundschule zum einen für umsetzbar halten und zum anderen als eine sinnvolle Ergänzung zu den bereits bestehenden Inhalten sehen, um mathematische Kompetenzen auf andere Art zu fördern.

Die Studierenden plädieren für den Einsatz der Graphentheorie im Mathematikunterricht und möchten bereits innerhalb ihrer weiteren Ausbildung ausgewählte Problemstellungen in den Unterricht integrieren. Ebenso sprechen sie sich dafür aus, auch Kolleginnen und Kollegen innerhalb der Schule für graphentheoretische Aufgaben begeistern zu wollen, um gemeinsam bestehende Problemstellungen weiterentwickeln zu können.

Besonders haben sich die Einstellungen der Studierenden gegenüber der Graphentheorie im schulischen Kontext verändert. Erst aufgrund der Durchführungen eigener Forschungsprojekte wurden ihnen die flexiblen Einsatzmöglichkeiten der Graphentheorie sowie die Umsetzung für unterschiedliche Niveaustufen im Unterricht deutlich. Auch der Transfer des bereits angeeigneten fachwissenschaftlichen Wissens in den Bereich der Schule wurde den Studierenden durch das Projektband ermöglicht. Ausgehend von den im Rahmen des Projektbandes entwickelten und durchgeführten Projekten sind bereits Masterarbeiten mit graphentheoretischen Fragestellungen entstanden.

4 Fazit und Ausblick

Die Auswertungen der Forschungsprojekte haben gezeigt, dass Grundschülerinnen und -schüler einen intuitiven Zugang zu graphentheoretischen Problemen haben und diese in einem alltagsnahen Zusammenhang relativ zielstrebig und erfolgversprechend bearbeiten. Vor allem Aufgaben mit Lebensweltbezug tragen zu einer motivierten und strukturierten Arbeitsweise bei.

Es besteht noch viel Bedarf, in diesem interessanten und vielfältig einsetzbaren Forschungsfeld weitere Erhebungen durchzuführen, um neue und fundierte Erkenntnisse formulieren zu können. Neue Unterrichtskonzepte und Anreize für die graphentheoretische Gestaltung des Unterrichts könnten vielen Lehrerinnen und Lehrern helfen, die Graphentheorie im Unterricht zu etablieren. Daher sollte weiterhin darüber nachgedacht werden, graphentheoretische Inhalte in den Mathematikunterricht der Grundschule einzuführen.

Die Ergebnisse aus den Forschungsprojekten, der eigenen Erprobungen sowie der Evaluation sind als Ausgangspunkt für weitere Umsetzungen, Forschungen und Fortbildungen von Lehrpersonen im schulischen Kontext zu sehen. Dabei lässt sich das Potenzial, welches graphentheoretische Konzepte mit sich bringen, sowohl im mathematischen Kontext als auch im Bereich der Informatik entfalten.

Literatur

Bigalke, Hans-Günther (1974). „Graphentheorie im Mathematikunterricht?" In: Graphentheorie II Jahrgang 20 (Heft 4). Hrsg. von Emanuel Röhrl, S. 1–10.

Euler, Leonhard (1741). „Solutio problematis ad geometriam situs pertinentis". In: Commentarii academiae scientiarum Petropolitanae 8, S. 128–140.

Floer, Jürgen (1977). „Optimierung von Netzwerken - Kürzeste Wege und größte Flüsse". In: Praxis der Mathematik 19 (Nr. 1), S. 1–6, 40–44.

Leneke, Brigitte (2011). „Von anderen 'Grafen' - Knoten, Wege, Rundreisen und Gerüste im Mathematikunterricht". In: *Beiträge zum Mathematikunterricht 2011*. Jahrestagung der Gesellschaft für Didaktik der Mathematik. Bd. 2. Münster: Verlag für wissenschaftliche Texte und Medien, S. 535–538.

Lutz-Westphal, Brigitte (2006). „Kombinatorische Optimierung - Inhalte und Methoden für einen authentischen Mathematikunterricht". Berlin: TU Berlin.

Tittmann, Peter (2011). *Graphentheorie. Eine anwendungsorientierte Einführung.* 2. aktualisierte Auflage. München: Carl Hanser Verlag.

Windler, Melissa (2018). „Der Einfluss graphentheoretischer Konzepte im Mathematikunterricht der Grundschule auf psychologische Schülerinnen- und Schülermerkmale". Hildesheim: Stiftung Universität Hildesheim.

Winter, Heinrich (1971). „Geometrisches Vorspiel im Mathematikunterricht der Grundschule". In: Der Mathematikunterricht 17 (Nr. 5), S. 40–66.

Forschungsbezogene Seminare im Studium des Grundschullehramts

Martin Kreh und Jan-Hendrik de Wiljes

Abstract *Die mathematische Kompetenz Problemlösen gewinnt in der Schule zunehmend an Bedeutung, auch im Sinne des Forschenden Lernens. Da die zugehörigen Methoden vergleichbar mit denen mathematischer Forschung sind, liegt es nahe, alle Lehrkräfte Erfahrungen zu diesem Aspekt des Faches machen zu lassen. In diesem Artikel wird ein für Studierende des Grundschullehramts innovatives Seminarkonzept vorgestellt, das Personen dieser Zielgruppe „echte" mathematische Forschung erleben lässt. Manche der von den Studierenden bei einer ersten Durchführung erzielten Resultate, die beispielsweise in den Bereichen der Diskreten Mathematik oder der Zahlentheorie liegen, sind interessant genug, um in mathematischen Fachjournalen veröffentlicht zu werden. Es werden exemplarisch einige Forschungsvorhaben dargestellt und eine Auswahl von publizierten Ergebnissen präsentiert.*

1 Einleitung

Das Professionswissen von Lehrkräften spielt eine wichtige Rolle in der Ausübung ihrer Tätigkeit (vgl. Blömeke, Kaiser und Lehmann, 2010 oder Kunter, Baumert, Blum, Klusmann, Krauss und Neubrand, 2011). Dabei ist (neben einigen anderen Aspekten) nicht nur das tiefe Verständnis der zu unterrichtenden Inhalte wichtig, sondern auch die Kenntnis (und Aneignung) prozessbezogener Kompetenzen. Eine dieser ist das (schulische) Problemlösen, dessen Methoden eng verwandt mit denen mathematischer Forschung sind (vgl. Pólya, 1980). Es gibt in zahlreichen Lehramtsstudiengängen Veranstaltungen zum Problemlöseprozess, in denen oft exemplarisch Herangehensweisen veranschaulicht werden. Gelegentlich bekommen Studierende Möglichkeiten, um selbst Fragestellungen zu untersuchen. Allerdings haben diese einen solch geringen Schwierigkeitsgrad, dass das Finden einer Lösung dieser Probleme nur eines geringen zeitlichen Aufwands bedarf. Ein interessanter Ansatz wird von Grieser (Grieser, 2013) verfolgt, jedoch werden die Problemlöseprozesse hier stark angeleitet. Falls möglich, sollten Studierende lieber mit „genügend" Zeit einen Problemkreis ohne viel Anleitung, aber mit Feedbackmöglichkeiten bearbeiten.

Charakteristisch für mathematische Forschung sind das häufige Auffinden von Sackgassen und die Entstehung neuer Fragestellungen bei der Behandlung bereits existierender Probleme. Um Studierenden die Möglichkeit zu geben, diese Aspekte zu erfahren, wurde an der Universität Hildesheim ein passendes fachwissenschaftliches Seminar entwickelt. In der vorliegenden Arbeit werden das didaktische Konzept dieses Seminars, die zugrundeliegenden Ideen des Forschenden Lernens, der Aufbau der Veranstaltung und exemplarisch erzielte Resultate von Studierenden vorgestellt.

2 Forschendes Lernen

Seit etwa fünf Jahrzehnten (beginnend mit BAK, 1970, vgl. auch Huber, 1970) findet sich vermehrt das Konzept des Forschenden Lernens in der Hochschule wieder. Dabei spielt insbesondere die Mathematik eine Art Außenseiterrolle, denn klassische Schemata wie „Beobachtung – Hypothese – Planung einer Untersuchung – Durchführung der Untersuchung – Auswertung und Diskussion – Ergebnisse [...] [lassen] sich [...] nicht einfach auf den [Mathematikunterricht] übertragen" (Lutz-Westphal, 2014, 799); ähnliches gilt für die mathematische Ausbildung in der Hochschule.

2.1 Forschungsbezogene Lehre

Forschendes Lernen selbst ist ein Teilaspekt der forschunsbezogenen Lehre. Es gibt verschiedene Klassifikationen dieses Obergebiets, etwa von Healey und Jenkins, die in research-led (aktuelle Forschung kennenlernen), research-oriented (Forschungstechniken erlernen), research-based (selbst forschen und ergründen) und research-tutored (Forschungsdiskussionen führen) unterscheiden (vgl. Healey und Jenkins, 2009, 6–7). Parallelen zeigt das Modell von Huber, der drei verschiedene Arten der Integration von Forschung in die Lehre unterscheidet (vgl. Huber, 2014).

- **Forschungsbasierte Lehre:** Die Lehrveranstaltung basiert auf Forschung. Beispielsweise kann der Stand der Forschung präsentiert und diskutiert werden. Studierende werden dabei auch mit aktuellen Problemstellungen konfrontiert.
- **Forschungsorientierte Lehre:** Im Vergleich zum forschungsbasierten Konzept sollen Studierende möglichst schnell zur aktuellen Forschung hingeführt werden, damit sie anschließend selbst forschen können.

- **Forschendes Lernen:** Lernende forschen primär selbst. Dabei durchlaufen sie idealerweise den gesamten Forschungszyklus.

Das Format des hier präsentierten Lehrkonzepts gehört zu der dritten Kategorie, also dem Forschenden Lernen. Etwas detaillierter und empirisch fundiert wird forschungsbezogene Lehre von Rueß et al. (Rueß, Gess und Deicke, 2016) klassifiziert. Ihr Modell umfasst in seiner endgültigen Version zwölf Gruppen forschungsbezogener Lehre, die das Aktivitätsniveau der Studierenden (forschend, anwesend, rezeptiv) mit dem inhaltlichen Schwerpunkt (Forschungsergebnisse, -methoden und -prozess) verbinden.

Gerade das Aktivitätsniveau forschend kennzeichnet in ihrem Modell das Forschende Lernen, das in zwei Typen unterteilt wird. Die ersten beiden inhaltlichen Schwerpunkte beschreiben den Typ Lernen, bei dem „die Studierenden eine vorgegebene oder selbst entwickelte Fragestellung [verfolgen], um vorgegebene Inhalte oder Methoden des Faches zu vertiefen" (Rueß, Gess und Deicke, 2016, 36). Beim Typ Lernen, der dem dritten inhaltlichen Schwerpunkt zugeordnet wird, sollen „die Studierenden eine selbst entwickelte Fragestellung [verfolgen] und [...] dabei den gesamten Forschungsprozess [durchlaufen]" (Rueß, Gess und Deicke, 2016, 37).

Beide Typen werden in dem vorgestellten Seminarkonzept aufgegriffen. Besonders der Forschungsprozess, der in der Mathematik etwas anders verläuft als in anderen Disziplinen, spielt eine wesentliche Rolle. Daher wird im Folgenden dieser Aspekt genauer beleuchtet.

2.2 Forschungsprozess

Es stellt sich die Frage, wie ein klassischer Forschungsprozess gestaltet ist. Ein bekanntes Modell von Huber (nach Huber, 2014, vgl. auch Huber, 2009 und Schneider und Wildt, 2009) enthält die folgenden Phasen, deren Abfolge nicht linear sein muss.

1. Wahrnehmen eines Ausgangsproblems oder Rahmenthemas (Hinführung),

2. Finden einer Fragestellung, Definition des Problems,

3. Erarbeiten von Informationen und theoretischen Zugängen (Forschungslage),

4. Auswahl von und Erwerb von Kenntnissen über Methoden,

5. Entwickeln eines Forschungsdesigns,

6. Durchführung einer forschenden Tätigkeit,

7. Erarbeitung und Präsentation der Ergebnisse und

8. Reflexion des gesamten Prozesses.

Der mathematische[1] Forschungsprozess kann nicht vollständig in dieses Modell eingebettet werden. Allerdings ist eine Anpassung der Aspekte in der folgenden Form möglich.

- Verständnis der wesentlichen Definitionen, Literaturrecherche zu bekannten Ergebnissen, Kennenlernen der Keyplayer und der schwierigen Probleme (Hubers Modell: 1,3),
- Kennenlernen typischer Beweisideen (Hubers Modell: 4),
- Wahl passender Fragestellungen (Hubers Modell: 2),
- Problemlösen selbst durchführen (Hubers Modell: 6),
- Überarbeitung und Präsentation der Ergebnisse (Hubers Modell: 7,8).

Insbesondere das Finden bearbeitbarer Problemstellungen kann Studierenden mit wenig fachmathematischer Vorbildung (etwa in niedrigen Semestern eines Mono-Bachelorstudiums oder in Lehramtsstudiengängen) Schwierigkeiten bereiten.

Wahl passender Fragestellungen

Durch Literaturrecherche offene Fragen zu entdecken oder analoge Probleme zu formulieren, ist auch Studierenden mit geringer fachwissenschaftlicher Vorbildung möglich. Notwendig dafür sind geeignete mathematische Bereiche, um nicht bereits an unverständlichen - weil zu abstrakten - Definitionen zu scheitern (dazu mehr in Abschnitt 4.2).

Welche offenen mathematischen Probleme interessant sind, ist nicht leicht entscheidbar. Laut Huber sollte (in anderen Disziplinen) eine Fragestellung „nicht nur zufällig subjektiv bedeutsam (insofern nicht nur an den Studierenden orientiert) sein, auch nicht nur als methodisches Prinzip ('entdeckendes Lernen') angewandt werden, sondern, wie bei Forschern, auf die Gewinnung neuer Erkenntnis gerichtet, d.h. im oben genannten Sinne: für Dritte von Interesse sein" (Huber, 2009). Solche Qualitätsmaßstäbe sind in der Mathematik (und auch allgemein) teils umstritten (vgl. Link und Schnieder, 2016), da selten Ergebnisse produziert werden, die objektiv wichtig für die jeweilige Disziplin sind (neue aber schon, siehe Kapitel 5). Selbst „gestandene" Wissenschaftler*innen sind sich nicht immer einig, welche

---

[1]Hier wird von dem Problemlösen gesprochen, das in Beweisen von Aussagen endet (etwa in der „Reinen Mathematik"). Insbesondere in manchen angewandten (und oft interdisziplinären) Bereichen der Mathematik kann der Forschungsprozess näher an dem Modell von Huber sein.

Ergebnisse bedeutsam genug sind, um publiziert zu werden. Insofern werden in dem hier vorgestellten Seminarkonzept alle offenen Fragestellungen als interessant charakterisiert.

2.3 Forschendes Lernen in der Lehramtsausbildung

Die konkrete Wahl eines Lehrkonzepts, welches Forschendes Lernen fördert, sollte sicherlich adressatengerecht geschehen. Die hier angesprochene Zielgruppe sind Lehramtsstudierende des Grundschullehramts, die zum Zeitpunkt des Seminars bereits 5-6 fachwissenschaftliche Lehrveranstaltungen im Umfang von jeweils 6 CP besucht haben. Insofern wird an dieser Stelle lediglich auf Literatur zum Forschenden Lernen in der Lehramtsausbildung genauer eingegangen. Für Ansätze und Untersuchungen in anderen Studienrichtungen seien interessierte Leser*innen zum Beispiel auf Huber, Kröger und Schelhowe, 2013; Wildt, 2009; Hellermann, o.D.; Decker und Mucha, 2018; Mooraj und Pape, 2015 verwiesen.

Dass forschungsbezogene Lehre bereits im Bachelorstudium und nicht erst für die Erlangung eines Master- oder Promotionsabschlusses positive Effekte hat, ist mittlerweile eine gängige Sichtweise (vgl. etwa Huber, 2009). Brew und Saunders drücken es sehr passend wie folgt aus, wobei ihr Fokus bereits auf der Lehramtsausbildung liegt.

> „It is now widely recognised that to increase engagement of undergraduate students in research is to work towards a higher education where future professionals are encouraged to go beyond learning disembodied knowledge at university and are prepared to cope with the ambiguous and uncertain demands of their future." (Brew und Saunders, 2020, 1)

Es gibt weitere interessante Arbeiten zum Forschenden Lernen in der Lehramts-ausbildung (siehe bspw. Fichten, 2017), allerdings sind viele dieser nicht spezifisch für das Fach Mathematik. Reinmann differenziert charakteristische Aspekte von Forschung in verschiedenen Disziplinen. Etwa hat in der Mathematik „Forschen-des Lernen [...] vor allem den Zweck, das mathematische 'Handwerkszeugs' zu erlernen" (Reinmann, 2018, vgl. auch Schäfer, 2018). Gemeint ist das Ausführen von „explorierende[n] und beweisende[n] Tätigkeiten [...][, um] allgemein gülti-ge Zusammenhänge zu identifizieren" (Reinmann, 2018, vgl. auch Schäfer, 2018). Genau diese Handlungen werden auch in dem hier vorgestellten Seminarkonzept von den Studierenden geübt und durchgeführt.

Der Vollständigkeit halber sollte an dieser Stelle erwähnt werden, dass For-schendes Lernen zunehmend im Mathematikunterricht in Schulen auftaucht. Ob man dabei wirklich von einer geeigneten Abbildung mathematischen For-schens sprechen kann oder primär das Entdecken von Phänomenen (also nur ein Teilaspekt) im Fokus steht, soll hier nicht diskutiert werden. Vielmehr seien interessierte Leser*innen auf die vielfältige Literatur in diesem Bereich verwiesen (siehe etwa Lutz-Westphal, 2014 oder Roth und Weigand, 2014). Festzuhalten ist aber, dass diese Tendenz ebenfalls dafür spricht, mathematische Forschung in Lehramtsstudiengänge zu integrieren.

3 Zielsetzungen

Das Hauptziel des Seminares ist, dass Studierende Erfahrung mit längeren Problemlöseprozessen machen. Die Studierenden müssen zu einem vorher bestimmten Zeitpunkt (siehe dazu Abschnitt 4) die erzielten Ergebnisse vorstellen. Daher sollte zunächst eine eigene zeitliche Planung des Vorgehens erarbeitet werden. Danach durchlaufen (und dabei erfahren) die Studierenden die für mathematische Forschung üblichen Schritte (etwas gröber in Abschnitt 2):

- Recherchieren von bisher veröffentlichten Ergebnissen
- Entwickeln eigener Ideen bzw. Verallgemeinerungsmöglichkeiten in dem Themenumfeld
- Erstellen von passenden Beispielen
- Erkennen von Mustern, ggf. Aufstellen von Vermutungen
- Beweisen/Widerlegen der Vermutungen
- Ggf. Aufstellen neuer Vermutungen und Wiederholung des Prozesses

Ein weiteres Ziel des Seminares ist, Studierenden die Kommunikation von Mathematik näherzubringen. Dieser Aspekt hat bereits in vorherigen Veranstaltungen eine Rolle gespielt. Allerdings wurde im bisherigen Studienverlauf primär gemeinschaftlich an vorgegebenen Übungsaufgaben gearbeitet und dabei Ideen kommuniziert; eine Präsentation von selbst gefundenen Resultaten zu neuen Fragestellungen in einem längeren Vortrag gehörte nicht dazu. Die von den Studierenden erzielten Ergebnisse müssen am Ende des Seminars adressatengerecht aufbereitet und präsentiert werden. Dabei soll der Fokus auf den eigenen Beispielen, Ideen, Vermutungen und ggf. Beweisen liegen.

Oftmals wird (von Außenstehenden) Mathematik nicht als lebende oder sich entwickelnde Wissenschaft wahrgenommen, sondern als festes schon immer dagewesenes Sammelsurium an Definitionen und Aussagen. Durch eine Literaturrecherche wird offenbart, dass mathematische Errungenschaften in einem mathematischen Teilgebiet über mehrere Jahrzehnte, Jahrhunderte oder gar Jahrtausende hinweg entstanden sind und weiterhin entstehen. Ein Bewusstsein für diesen langen Prozess in der historischen Entwicklung eines mathematischen Bereichs zu schaffen, ist ein weiteres Ziel des Seminars. Idealerweise werden den Studierenden einige der sehr vielfältigen Gründe für dieses Phänomen deutlich.

Zuletzt ist ein solches Seminar gut geeignet, um mit dem Bild einer „vollständigen" Mathematik aufzuräumen und angehenden Lehrer*innen (und damit auch Schüler*innen) aufzeigen, dass es (nach wie vor) eine Fülle an ungelösten Problemen innerhalb der Mathematik gibt und immer geben wird. Dies ist zwar etwas, das auch auf andere Weise und in anderen Veranstaltungstypen geleistet werden kann (und sollte), aber bei dieser Form des Seminars erleben die Studierenden sozusagen hautnah, wo ungelöste Probleme liegen und ebenso, dass gelöste Fragestellungen oft neue Probleme aufwerfen.

4 Organisatorisches

Es gibt naturgemäß bei der Durchführung einer forschungsbezogenen Lehrveranstaltung auch organisatorische Schwierigkeiten zu überwinden. Diese betreffen zum Beispiel das notwendige Stoffpensum, die Heterogenität der Studierenden und die nötige Kapazität bei den Dozierenden. Eine Diskussion dieser Schwierigkeiten und mögliche Lösungsversuche findet man zum Beispiel in Huber, 2009, Hellermann, o.D. und Mooraj und Pape, 2015, weswegen an dieser Stelle nicht genauer auf diese Thematik eingegangen wird. Es kann sich zudem die Frage gestellt werden, welche Lehrform für eine auf Forschendem Lernen basierende Lehrveranstaltung (in Bezug auf Durchführung und auch spätere Bewertung) geeignet ist. Auch hier sei auf Mooraj und Pape, 2015 und Hellermann, o.D. verwiesen, die feststellen, dass ein (Vortrags-)Seminar ein passendes (wenn nicht sogar das beste) Format ist.

4.1 Aufbau

Die Veranstaltung wurde das erste Mal als Blockseminar am Ende einer vorlesungsfreien Zeit durchgeführt. Es ist durchaus denkbar und möglich, die Veranstaltung semesterbegleitend abzuhalten.

Da ein Forschungsprozess über einen längeren Zeitraum durchgeführt werden soll (und oft auch muss), wird der Präsentation der Ergebnisse eine 5-monatige Arbeitsphase vorgeschaltet. Die Teilschritte des in Abbildung 1 aufgelisteten Ablaufplans werden im Folgenden genauer erläutert.

- Woche 0: Vorstellung Konzept & Themen
- Woche 1: Gruppenfindung & Themenvergabe, Möglichkeit des Rücktritts vom Seminar ohne Konsequenzen

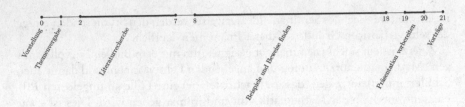

Abbildung 1: Ablaufplan

- Wochen 2–7: Literaturrecherche, Aufstellung der (übersetzten) Resultate mit Zeitstrahl (ggf. mehrere) & Entwicklung erster Fragestellungen
- Wochen 8–18: Erzeugung von Beispielen, Aufstellung und Nachweis von Vermutungen
- Wochen 19–20: Vorbereitung der Präsentation der Ergebnisse
- Woche 21: Vorträge

Zunächst werden die Teilnehmer*innen des Seminars in Gruppen von 3–4 Studierenden eingeordnet. Das kann zufällig passieren, allerdings sorgt die Arbeit in bereits existierenden Lerngruppen dafür, dass man sich nicht auf andere Personen einstellen muss, sondern sich auf die vorliegenden Probleme konzentrieren kann. Es besteht die Möglichkeit, dass sich jede(r) Studierende zunächst eigenständig mit dem Thema (oder einem Teil davon) beschäftigt und eigene Ideen entwickelt. Anschließend können Ideen, Muster, Vermutungen und Beweise in der Gruppe erarbeitet und diskutiert werden, sodass eine gemeinschaftliche Arbeit an einem Thema möglich ist.

In einem Besprechungstermin werden sowohl das Konzept und die Idee des Seminars als auch die zu untersuchenden Themengebiete vorgestellt. Da sich die Anzahl der möglichen Themen abhängig von der Studierendenzahl durchaus zwischen 10 und 15 bewegen kann, können pro Thema lediglich erste Definitionen und Beispiele präsentiert werden. Daher ist es wichtig, dass die behandelten Problemkreise an Inhalte bereits besuchter Fachvorlesungen anschließen. Im Anschluss wählen die Gruppen Themengebiete, die für sie interessant erscheinen. Mit einer geeigneten Zuteilung endet der Themenfindungsprozess.

Nun beginnt die Einlesearbeit in die angegebene (oft nur eine „Startquelle") und weitere Literatur. Dabei werden zunächst die wesentlichen Begriffe unter anderem mit Hilfe geeigneter Beispiele erarbeitet. Ferner werden möglichst viele bekannte Resultate gesucht und notiert. Die Beweise sind dabei erst einmal nicht von Bedeutung, vielmehr sollen mögliche offene Probleme lokalisiert werden. Dieser Prozess wird von der Lehrperson wie folgt begleitet. Bei Schwierigkeiten, an Quellen heranzukommen, schlägt die Lehrperson verschiedene Möglichkeiten (beispielsweise

Autoren anschreiben) vor oder beschafft die entsprechende Literatur anderweitig. Bei Verständnisfragen, die nicht in der Gruppe und durch (Internet-)Recherche zu lösen sind, gibt die Lehrperson geeignete Hilfestellungen. Zum Ende dieser mehrwöchigen Einlesezeit, die während der Vorlesungszeit etwa einen Monat in Anspruch nimmt, müssen die gefundenen Ergebnisse[2] aufgeschrieben an die Lehrperson geschickt werden. Ferner sollen bereits erste offene Fragestellungen genannt werden. Die Abgaben werden von der Lehrperson auf Korrektheit geprüft und gegebenenfalls werden Anstöße für weitere Fragestellungen gegeben (etwa in der Form „Auf welcher Klasse von Objekten wurde dieses Problem noch nicht untersucht? In dieser Quelle finden sich viele verschiedene Klassen, schauen Sie einmal dort nach.“).

Nach erhaltener Rückmeldung beginnt die Forschungsphase. Mit den (für den Bereich) üblichen Methoden werden die gefundenen offenen Fragestellungen untersucht. Im Sinne der Ausführungen in Abschnitt 2 werden idealerweise die typischen Schritte im Problemlöseprozess durchlaufen. Die Einteilung in die einzelnen Forschungsteams innerhalb der Gruppe ist den Teilnehmenden selbst überlassen; es gibt die Möglichkeit, einzeln Probleme zu bearbeiten und gelegentlich zusammenzukommen oder sich in der kompletten Gruppe zu treffen und gemeinsam Ansätze zu erarbeiten. Bei konkreten Fragen steht die Lehrperson für Sprechstunden zur Verfügung.

Wie in Abschnitt 2 ausgeführt, ist ein weiterer wichtiger Teil eines (mathematischen) Forschungsprozesses die Präsentation der erzielten Ergebnisse. Die gefundenen Resultate werden unter den Gruppenmitgliedern aufgeteilt (falls die Forschung nicht ohnehin bereits größtenteils in Einzelarbeit stattgefunden hat) und für die anderen Seminarteilnehmer*innen geeignet aufbereitet. Didaktisch besteht hier das Problem, das Publikum dort abzuholen, wo man mehrere Monate zuvor selbst gestartet ist. Die intensive Auseinandersetzung mit dem Forschungsgegenstand sorgt für tieferes Verständnis, was den Vortragenden bei der Erstellung der Präsentation bewusst wird. Verständnisprobleme aus den ersten Wochen wirken nun eher trivial. Einem ähnlichen Phänomen werden die Studierenden in ihrer zukünftigen Schulzeit regelmäßig begegnen, in dem Seminar ist das Abstraktionsniveau lediglich höher. Da die Zeit nicht ausreicht, um das Publikum intensiv in den Problemlöseprozess zu integrieren, geschieht dieser Teil (wie bei mathematischen Konferenzen üblich) primär frontal.

---

[2]Dies geschieht in Form von einem oder mehreren Zeitstrahlen, also chronologisch sortiert.

4.2 Themenauswahl

Die Themen müssen leicht zugänglich sein. Es sollte kein großer Apparat an neuen Begriffen oder Resultaten zugrunde liegen. Außerdem darf das Abstraktionsniveau nicht so hoch sein, dass die Studierenden, die lediglich eine geringe Anzahl an mathematischen Veranstaltungen besucht haben, eine zu lange Einarbeitungsphase bräuchten. Daher bieten sich Themen aus der Diskreten Mathematik an, etwa Bereiche der elementaren Zahlentheorie, der Kombinatorik und der Graphentheorie.[3] In der ersten Durchführung dieses Seminars wurden den Studierenden folgende konkreten Vorschläge unterbreitet.

Spiele auf Graphen (Solitär, Lights Out)

Viele (auch im Handel oder als App erhältliche) Spiele können mathematisch beschrieben, verallgemeinert und untersucht werden. Exemplarisch werden an dieser Stelle die Spiele Solitär und Lights Out erläutert, ihre Verallgemeinerungen sowie mögliche Fragestellungen beschrieben.

- Das klassische Solitär besteht aus einem kreuzförmigen Spielfeld mit 33 Löchern. In jedem der Löcher bis auf dem mittleren liegt eine Kugel. Ein Spielzug besteht darin, mit einer Kugel über eine direkt daneben liegende Kugel in ein freies Loch zu hüpfen und die Kugel, die übersprungen wurde, zu entfernen (siehe Abbildung 2).
- Lights Out wird auf einem quadratischen Feld mit 5 mal 5 Knöpfen, die jeweils beleuchtet oder unbeleuchtet sein können, gespielt. Drückt man einen Knopf, so ändert sich der Beleuchtungszustand von dem Knopf selbst sowie seiner (zwei bis vier, je nach Lage des Knopfes) Nachbarn. Zu Beginn des Spieles hat man eine Konfiguration gegeben, bei der einige Knöpfe leuchten und andere nicht. Ziel des Spieles ist es, durch Drücken bestimmter Knöpfe alle Lichter auszuschalten (siehe Abbildung 3).

Diese beiden Spiele können wie folgt auf Graphen verallgemeinert werden:

Für das Spiel Solitär sei ein Graph gegeben, bei dem in jedem Knoten bis auf einem eine Kugel liegt (modellieren lässt sich das als Abbildung von der Knotenmenge in die Menge $\{0, 1\}$). Sind die Knoten u und v sowie v und w benachbart und liegen in u und v Kugeln und in w keine, so darf in einem Spielzug mit der Kugel von u über v in w gesprungen werden und die Kugel in v wird entfernt. Ein Graph, bei dem man durch optimales Spiel alle Steine bis auf einen entfernen kann, heißt lösbar.

---

[3] Für Grundlagen in diesen Gebieten seien die Leser*innen beispielsweise auf Scheid und Frommer, 2006; Bondy und Murty, 2008; Aigner, 2006 verwiesen.

Abbildung 2: Idealisiertes Solitärspielfeld (links). Die ausgefüllten Kreise kennzeichnen Löcher mit Kugeln, die nicht ausgefüllten Kreise Löcher ohne Kugeln. Nachdem man mit der Kugel aus dem mittleren Loch in der zweituntersten Reihe über die Kugel darüber gesprungen ist, erhält man die Konstellation rechts.

Für das Spiel Lights Out hat man einen Graphen, bei dem die Knoten entweder beleuchtet sind oder nicht (ein solcher Startzustand wird Ausgangsstellung genannt). Hier ändert das „Drücken" eines Knotens den Beleuchtungszustand des Knotens sowie aller benachbarter Knoten. Eine Ausgangsstellung heißt lösbar (das ist natürlich eine andere Form der Lösbarkeit als beim Solitär), wenn man durch Drücken gewisser Knoten alle Lichter ausschalten kann.

Mögliche (teils offene) Fragestellungen bei diesen beiden Spielen sind:

- Gegeben sei ein Graph, wie viele Steine bleiben mindestens liegen? Wie viele bleiben höchstens liegen? (beide speziell für Solitär)
- Charakterisiere die lösbaren Bäume.
- Gegeben sei ein Graph, welche Ausgangsstellungen sind lösbar?
- Bei welchen Graphen sind alle Ausgangsstellungen lösbar?
- Welche Lösungsverfahren sind bei einer lösbaren Ausgangsstellung die schnellsten?
- Wie viele Kanten muss man zu einem Graphen hinzufügen, damit dieser lösbar wird?

Hat man einen konkreten Graphen gegeben, so sind die obigen Fragen teils einfach zu beantworten (z.B. mit Brute-Force) und liefern keinen großen Erkenntnisgewinn. Daher betrachtet man statt einzelner Graphen üblicherweise Graphenfamilien, d.h., Graphen, die nach einem bestimmten Muster aufgebaut sind (zum

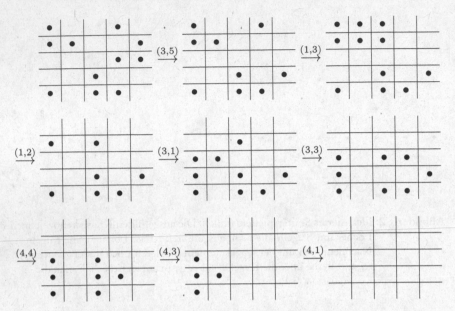

Abbildung 3: Eine Startkonfiguration beim Spiel Lights Out (oben links) und mögliche Schritte zum Lösen dieser Startkonfiguration. Hierbei stehen die ausgefüllten Kreise für die Knöpfe, die leuchten. Die Notation $\overset{(a,b)}{\rightarrow}$ gibt an, dass der Knopf in Zeile a und Spalte b gedrückt wird.

Beispiel vollständige Graphen, Kreisgraphen, Pfadgraphen,...). In dem Fall sind die Fragen oft schwerer zu beantworten und erfordern systematisches Vorgehen sowie Erkennen von Mustern, liefern dafür aber Antworten für unendlich viele Graphen statt nur für einzelne Beispiele.

Beschriftungen von Graphen (Summengraphen, magische Graphen, prime Graphen, vorzeichenbehaftete Graphen)

Eine Beschriftung eines Graphen ist eine Abbildung von der Menge der Knoten (oder Kanten) dieses Graphen in eine gegebene Menge (etwa die Menge der reellen Zahlen, dann meist sogar die Menge der ganzen oder natürlichen Zahlen) derart, dass gewisse Eigenschaften erfüllt sind. Beschriftet man beispielsweise Knoten derart mit Zahlen aus einer Menge S, dass zwei Knoten genau dann benachbart sind, wenn die Summe ihrer Beschriftungen wieder in S liegt, spricht man von einem Summengraphen. Kann man die Knoten so fortlaufend mit natürlichen

Zahlen beschriften, dass benachbarte Knoten teilerfremde Beschriftungen haben, wird dies eine prime Beschriftung genannt.[4]

Mögliche (teils offene) Fragestellungen sind hier:

- Gegeben sei ein Graph (bzw. eine Graphenfamilie), lässt sich dieser auf eine gewisse Weise beschriften (ist dieser also z.B. ein Summengraph)?
- Gegeben ein Graph (bzw. eine Graphenfamilie), der sich nicht auf eine gewisse Weise beschriften lässt, wie muss man den Graphen verändern (z.B. Kanten oder Knoten entfernen oder hinzufügen), so dass der Graph sich auf die gewünschte Weise beschriften lässt.
- Was passiert, wenn man bei Beschriftungen Zahlen mehrfach benutzen darf?
- Gegeben sei eine Menge S aus der die Zahlen stammen dürfen, mit denen beschriftet wird. Wie sehen dann die Graphen aus, die zu dieser Menge und der gewählten Beschriftungsart (z.B. Summengraphen) gehören?

Dominanz in Graphen (Könige und Königsmengen, Dominanzmengen)

Ein Knoten v in einem Turniergraphen (gerichteter/orientierter vollständiger Graph) wird König genannt, wenn jeder andere Knoten von v aus über einen gerichteten Pfad der Länge höchstens 2 (2-Pfad) erreicht wird. Die Motivation für die Untersuchung solcher Graphen kommt sowohl von den Ergebnissen (Gewinn/Verlust) eines Rundenturniers als auch von Hackordnungen (etwa in einem Hühnerstall). Die Gesamtzahl der erzielten Siege in einem Turnier charakterisiert nicht unbedingt die beste Mannschaft, insofern ist das Konzept des Königs interessant.

Falls beliebige gerichtete Graphen zugelassen sind, kann es passieren, dass keine Könige existieren. In diesen Fällen kann das Konzept geeignet zu schwachen Königen oder Königsmengen[5] verallgemeinert werden. Eine andere Variante sind Dominanzmengen, die Knoten derart enthalten, dass alle nicht enthaltenen Knoten zu einem enthaltenen Knoten benachbart sind. Dominanzmengen haben interessante Anwendungen in der Informatik.

Folgende typische Fragestellungen ergeben sich:

- Gibt es in jedem Turniergraphen einen König? Wie viele Könige gibt es in gegebenen Turniergraphen?

---

[4]Es sind viele weitere Variationen von solchen Beschriftungen denkbar und die meisten interessanten sind bereits intensiv untersucht worden.

[5]Königsmengen sind Knotenmengen, so dass jeder Knoten außerhalb der Königsmenge von mindestens einem Knoten aus der Königsmenge über einen 2-Pfad erreichbar ist. Die Definition von schwachen Königen ist nicht kompliziert, aber etwas technisch, daher wird sie hier nicht erwähnt.

- Was ist die minimale Kardinalität einer Königsmenge (minimale Königsmenge) in einem gegebenen gerichteten Graphen?
- Lassen sich die gerichteten Graphen mit minimaler Königsmenge der Größe $k \in \mathbb{N}$ charakterisieren?

Weitere Bereiche der Graphentheorie (Transitivität, Gradfolgen und Gradmengen, Überdeckungen, Schnittgraphen, H-freie Graphen)

Es gibt viele weitere sehr interessante und zugängliche Objekte und Fragestellungen in der Graphentheorie. Besonders Verbindungen zu anderen mathematischen Gebieten und zur Realität (im Sinne von Anwendung) wirken motivierend bei der Untersuchung dieser.

Ein Beispiel sind Schnittgraphen, deren Knotenmenge eine Familie von Mengen ist, und zwei Mengen sind genau dann benachbart, wenn ihr Schnitt nicht leer ist. Es gibt direkte Beziehungen zur Geometrie und klassische Probleme wie die Charakterisierung von (abstrakten) Graphen, die sich als Schnittgraphen von Mengen in der Ebene beschreiben lassen.

Ebenfalls einen Bereich, der exploratives Arbeiten zulässt, bilden Gradfolgen (Folge der Knotengrade) und Gradmengen (Menge der Knotengrade). Es gibt zwar bereits Charakterisierungen von Folgen, die Gradfolgen von Graphen sind, aber insbesondere, falls man für die Graphen zusätzliche Eigenschaften fordert (Planarität, Perfektheit,...), müssen neue Charakterisierungen gefunden werden. Ebenfalls viele offene Probleme liefern Gradmengen, die bisher nur wenig untersucht worden sind.

Aspekte der Zahlentheorie (Streichungsmengen, Polygonalzahlen, Fibonacci-Zahlen)

Im Bereich der Zahlentheorie gibt es (ähnlich wie in der Graphentheorie) einige Fragestellungen, die leicht verständlich sind und daher einen schnellen Zugang zu offenen Fragen bieten. Exemplarisch werden nur Streichungsmengen beschrieben (diese werden in Abschnitt 5 nochmal thematisiert).

Für zwei natürliche Zahlen x, y heißt x ein Teilwort von y, geschrieben $x \triangleleft y$, wenn man x aus y durch Streichen gewisser Ziffern erhält. Zum Beispiel ist $134 \triangleleft 918234$ aber $123 \ntriangleleft 43021$. Für eine Menge $M \subset \mathbb{N}$ sei die Streichungsmenge $\mathscr{S}(M)$ von M die kleinste Teilmenge $A \subset M$, so dass es für jedes $m \in M$ ein $a \in A$ mit $a \triangleleft m$ gibt. Es lässt sich mit Methoden der theoretischen Informatik zeigen, dass $\mathscr{S}(M)$ für jede Menge $M \in \mathbb{N}$ endlich ist. Da dieser Beweis jedoch nicht konstruktiv ist, gibt es nur wenige unendliche Mengen, von denen die Streichungsmenge bekannt ist. Man kann also versuchen, die Streichungsmenge weiterer (interessanter) Mengen M zu bestimmen, was im Allgemeinen nicht trivial ist.

Dabei tritt oftmals folgende Fragestellung auf: Für Zahlen einer gewissen Bauart (d.h. eines gewissen Aussehens im Dezimalsystem) muss entschieden werden, ob einige dieser Zahlen zur Menge M gehören oder nicht. Das kann teilweise recht kompliziert sein. Die Bestimmung von Streichungsmengen wirft also auch weitere Fragen auf, die potentiell von (zumindest theoretischem) Interesse sind.

4.3 Zu erbringende Leistungen

Es handelt sich bei diesem Lehrformat um eine Mischung aus Gruppen- und Einzelarbeit. Die Einzelleistung kann lediglich bei der Vorstellung am Ende des Semesters bewertet werden, weshalb für den Rest eine Gruppennote vergeben werden sollte. Die genaue Gewichtung ist sicherlich variabel, folgende Leistungen sollten aber unabhängig davon erbracht werden:

- Abgabe der (im Wesentlichen) korrekt recherchierten früheren Ergebnisse,
- Dokumentation des Forschungsprozesses (Was wurde versucht? Warum funktioniert es nicht?),
- Kommunikation der während des Forschungsprozesses erzielten Erkenntnisse,
- aktive Teilnahme bei Vorträgen der anderen Studierenden.

Ein interessanter Aspekt ist die Bewertung von fehlenden Ergebnissen (im Sinne von bewiesenen Aussagen). Da ein wesentlicher Teil der mathematischen Forschung aus Ausprobieren und Erreichen von Sackgassen besteht, gibt es am Ende der Problembearbeitungsphase sicherlich Output (welcher Art auch immer). Sollte dabei kein bewiesenes Resultat entstehen, so ist das prinzipiell mit Hinblick auf die Bewertung kein Problem. Vielmehr sollte in einem solchen Fall der bearbeitenden Seminargruppe eine wesentliche Schwierigkeit mathematischer Forschung bewusst werden: Ein Großteil der geleisteten Arbeit wird durch den Inhalt von Publikationen nicht sichtbar gemacht. Diese wichtige Erkenntnis sollte, bei geeigneter Dokumentation der untersuchten Ansätze, nicht minder honoriert werden als vollständige Beweise von (offenen) Fragestellungen bzw. Vermutungen; dementsprechend ist das Fehlen von bewiesenen Resultaten keineswegs ein Grund für das Nichtbestehen des Kurses.

5 Erzielte Forschungsergebnisse

Einige der gefundenen Resultate sind, insbesondere unter Berücksichtigung der mathematischen Vorbildung der Studierenden, aus fachlicher Sicht beeindruckend.

In diesem Abschnitt werden exemplarisch Ergebnisse, die teilweise in Bachelorarbeiten noch ausgebaut und in Fachzeitschriften veröffentlicht wurden bzw. noch werden, vorgestellt.

5.1 Solitär auf Bananenbäumen

Das Spiel Solitär wurde beispielsweise auf Banananbäumen $B_{n,k}$ betrachtet. Dies sind spezielle Graphen, die entstehen, wenn n Sterngraphen, die jeweils k Blätter haben, über einen Verbindungsknoten mit einem „Wurzelknoten" verbunden werden, siehe Abbildung 4.

Abbildung 4: Darstellungen der Banananbäume $B_{4,7}$ (links) und $B_{5,5}$ (rechts).

Da es sich um spezielle Bäume mit Durchmesser 6 handelt, ergänzt dieses Ergebnis vorherige Resultate für Bäume von geringerem Durchmesser und kann die Charakterisierung der lösbaren Bäume vorantreiben. Aufgrund des Umfanges werden an dieser Stelle nur die wichtigsten der Resultat aus de Wiljes und Kreh, o.D. erwähnt. Zum Verständnis muss noch festgelegt werden, dass $\mathrm{Ps}(G)$ die Anzahl der Kugeln, die bei optimalen Zügen am Ende des Spiels vorhanden sind, bezeichnet.

Satz 1. *Für $n \geq 3$ und $k \geq 2$ gilt*

$$\mathrm{Ps}(B_{n,k}) = n(k-1) + \left\lceil \frac{n+2}{k+1} \right\rceil - 1.$$

Zusammen mit Ergebnissen für kleinere Parameter ergibt sich für die Lösbarkeit von Bananenbäumen das folgende Resultat:

Satz 2. *Bananenbäume sind genau dann lösbar, wenn $k = 0$ oder $n = 1$ und $k = 1$ oder $n = 1$ und $k = 2$.*

Für die minimale Anzahl der Kanten, die zu $B_{n,k}$ hinzugefügt werden müssen, damit der Graph lösbar wird, konnte eine obere Schranke ermittelt werden:

Satz 3. *Für $n \geq 2$ und $k \geq 3$ muss man zu $B_{n,k}$ höchstens $\left\lceil \frac{n}{2} \right\rceil + 1$ Kanten hinzufügen, um den Graphen lösbar zu machen.*

Zuletzt folgt noch ein Resultat zu Fool's Solitär. Hier geht es darum, so schlecht wie möglich zu spielen, also am Ende des Spieles so viele Steine wie möglich übrig zu haben, bei denen aber kein Sprung mehr möglich ist. Diese Anzahl wird mit Fs(G) bezeichnet.

Satz 4. *Für $n \geq 3, k \geq 1$ gilt* $\mathrm{Fs}(B_{n,k}) = n(k+1) - \left\lceil \frac{n}{2} \right\rceil$.

5.2 Streichungsmengen

In Kreh und Neuenstein, 2019 werden die Streichungsmengen der Mengen $\varphi(\mathbb{N}) + a = \{\varphi(n) + a : n \in \mathbb{N}\}$ für $a = 1, 2, 3, 4, 5$ bestimmt (die Streichungsmengen für $a = 0, 3$ waren vorher schon bekannt, die letztere aber ohne Beweis veröffentlicht). Dabei bezeichnet φ die Eulersche φ-Funktion. Konkret wurde gezeigt:

Satz 5. *Es gilt*

$$\mathscr{S}(\varphi(\mathbb{N}) + 1) = \{2, 3, 5, 7, 9, 11, 41, 61, 81\},$$
$$\mathscr{S}(\varphi(\mathbb{N}) + 3) = \{4, 5, 7, 9, 11, 13, 21, 23, 31, 33, 61, 63, 81, 83\}.$$

Für $a = 2, 4, 5$ konnte das Ergebnis nur basierend auf bisher nicht bewiesenen Vermutungen gezeigt werden. Dies liegt an der im vorherigen Kapitel beschriebenen Schwierigkeit bei der Bestimmung von Streichungsmengen. Exemplarisch wird hier nur das Ergebnis für $a = 2$ präsentiert, die anderen Möglichkeiten finden sich in Kreh und Neuenstein, 2019.

Satz 6. *Es gilt*

$$\mathscr{S}(\varphi(\mathbb{N})+1) = \{3,4,6,8,10,12,20,22,50,72,90,770,992,5592,9552,$$
$$555555555552\},$$

falls es keine Zahl der Form 699...998 *gibt, die als Wert der Eulerschen φ-Funktion auftaucht. Falls es doch solche Zahlen gibt, dann ist in der obigen Streichungsmenge noch die Zahl $n+2$ für das kleinste n dieser Form zu ergänzen (diese Zahl ist dann von der Form* 700...000).

6 Fazit und Ausblick

Das hier vorgeschlagene Seminarkonzept führt Studierende des Grundschullehramts an den mathematischen Forschungsprozess heran. Dabei sollen sich die Studierenden größtenteils selbstständig mit den Problemen auseinandersetzen, um sowohl die Schwierigkeiten als auch die Erfolgsmomente einer solchen Arbeit zu erleben. Möglich erscheint dies nur, wenn bereits ein gewisses Maß an mathematischer Vorbildung – im Sinne von besuchten fachmathematischen Lehrveranstaltungen – vorhanden ist. Insofern muss abhängig vom eigenen Curriculum entschieden werden, ob eine Integration dieses Formats möglich ist. Sinnvoll scheint die Einbindung einer solchen Veranstaltung in den Studienverlauf gewiss, denn erste Erkenntnisse (siehe etwa Abschnitt 5) legen die Vermutung nahe, dass die Ziele des Seminars (jedenfalls für manche Gruppen) realisiert werden können und in der ersten Durchführung erreicht wurden. Auch die Dokumentationen der Beweisversuche, die aus Platzmangel an dieser Stelle nicht präsentiert werden können, lassen dies klar erkennen.

Es gibt Aspekte, die für zukünftige Durchführungen einer solchen Veranstaltung verändert oder ergänzt werden könnten. Wünschenswert wäre etwa die Integration einer Reflexion des durchlaufenen Forschungsprozesses (in dem ersten Versuch war das kapazitär nicht umsetzbar). Dadurch könnten gerade die Herangehensweise an Probleme und die Entstehung von Sackgassen besser herausgearbeitet und sichtbar gemacht werden. Da gutes Reflektieren ein wesentlicher Bestandteil der zukünftigen Profession von Lehramtsstudierenden ist, ist eine solche Erweiterung des Seminarkonzepts sicherlich erstrebenswert. Ferner wäre es sinnvoll, in einer nachfolgenden Veranstaltung herauszuarbeiten, inwiefern die gemachten Erfahrungen zum mathematischen Forschungsprozess in die Schule transportiert und auch den Kindern zugänglich gemacht werden können.

Literatur

Aigner, Martin (2006). *Diskrete Mathematik*. 6. Aufl. Vieweg+Teubner.

BAK (1970). *Forschendes Lernen – Wissenschaftliches Prüfen*. Universitätsverlag Webler (Neudruck 2009).

Blömeke, Sigrid, Gabriele Kaiser und Rainer Lehmann (2010). *TEDS-M 2008 - Professionelle Kompetenz und Lerngelegenheiten angehender Mathematiklehrkräfte für die Sekundarstufe I im internationalen Vergleich*. Waxmann.

Bondy, Adrian und M. Ram Murty (2008). *Graph Theory*. Springer.

Brew, Angela und Constanze Saunders (2020). „Making sense of research-based learning in teacher education". In: *Teaching and Teacher Education* 87.

de Wiljes, Jan-Hendrik und Martin Kreh (o.D.). „Peg solitaire on banana trees". In: im Begutachungsprozess.

Decker, Christian und Anna Mucha (2018). „Forschendes Lernen lernen. Zu den didaktischen und emotionalen Herausforderungen der Integration von Lernen über, für und durch Forschung". In: *Die Hochschullehre* 4, S. 143–160.

Fichten, Wolfgang (2017). „Forschendes Lernen in der Lehramtsausbildung". In: *Forschendes Lernen: Wie die Lehre in Universität und Fachhochschule erneuert werden kann*. Hrsg. von Harald Mieg und Judith Lehmann. Frankfurt am Main: Campus, S. 155–164.

Grieser, Daniel (2013). *Mathematisches Problemlösen und Beweisen*. Springer.

Healey, Mick und Alan Jenkins (2009). „Developing undergraduate research and inquiry". In: *The Higher Education Academy*.

Hellermann, Klaus (o.D.). *Forschendes Lernen*. Lehre Laden – Ruhr Universität Bochum.

Huber, Ludwig (1970). „Forschendes Lernen: Bericht und Diskussion über ein hochschuldidaktisches Prinzip". In: *Neue Sammlung* 10.3.

– (2009). „Warum Forschendes Lernen nötig und möglich ist". In: *Forschendes Lernen im Studium. Aktuelle Konzepte und Erfahrungen*. Hrsg. von Ludwig Huber, Julia Hellmer und Friederike Schneider. Bielefeld: Universitätsverlag Webler, S. 9–35.

– (2014). „Forschungsbasiertes, Forschungsorientiertes, Forschendes Lernen: Alles dasselbe? Ein Plädoyer für eine Verständigung über Begriffe und Unterscheidungen im Feld forschungsnahen Lehrens und Lernens". In: *Das Hochschulwesen* 62.1+2, S. 22–29.

Huber, Ludwig, Margot Kröger und Heidi Schelhowe, Hrsg. (2013). *Forschendes Lernen als Profilmerkmal einer Universität*. Universitätsverlag Webler.

Kreh, Martin und Katrin Neuenstein (2019). „Minimal sets of shifted values of the Euler totient function". In: *Notes on Number Theory and Discrete Mathematics* 25.1, S. 36–47.

Kunter, Mareike, Jürgen Baumert, Werner Blum, Uta Klusmann, Stefan Krauss und Michael Neubrand (2011). *Professionelle Kompetenz von Lehrkräften – Ergebnisse des Forschungsprogramms COACTIV.* Münster: Waxmann.

Link, Frauke und Jörn Schnieder (2016). „Mathematisch forschend lernen in der tertiären Bildung". In: *Hanse-Kolloquium zur Hochschuldidaktik der Mathematik 2014.* Hrsg. von Walther Paravicini und Jörn Schnieder. Münster: WTM, S. 159–176.

Lutz-Westphal, Brigitte (2014). „Was macht forschendes Lernen im Mathematikunterricht aus?" In: *Beiträge zum Mathematikunterricht 2014.* Hrsg. von Jürgen Roth und Judith Ames. WTM-Verlag, S. 779–782.

Mooraj, Margrit und Annika Pape (2015). *Forschendes Lernen.* Techn. Ber. 8. Hochschulrektorenkonferenz.

Pólya, George (1980). *Schule des Denkens: Vom Lösen mathematischer Probleme.* Francke.

Reinmann, Gabi (2018). „Lernen durch Forschung – aber welche?" In: *Forschendes Lernen – the wider view.* Hrsg. von Nils Neuber, Walther Paravicini und Martin Stein. Münster: WTM, S. 19–46.

Roth, Jürgen und Hans-Georg Weigand (2014). „Forschendes Lernen - Eine Annäherung an wissenschaftliches Arbeiten". In: *Mathematik lehren* 184, S. 2–9.

Rueß, Julia, Christopher Gess und Wolfgang Deicke (2016). „Forschendes Lernen und forschungsbezogene Lehre–empirisch gestützte Systematisierung des Forschungsbezugs hochschulischer Lehre". In: *Zeitschrift für Hochschulentwicklung* 11.2, S. 23–44.

Schäfer, Ingolf (2018). „Forschendes Lernen in der Mathematik". In: *Forschendes Lernen. Wie die Lehre in Universität und Fachhochschule erneuert werden kann.* Hrsg. von Harald A. Mieg und Judith Lehmann. Frankfurt am Main: Campus, S. 223–232.

Scheid, Harald und Andreas Frommer (2006). *Zahlentheorie.* 4. Aufl. Springer-Spektrum.

Schneider, Ralf und Johannes Wildt (2009). „Forschendes Lernen und Kompetenzentwicklung". In: *Forschendes Lernen im Studium. Aktuelle Konzepte und Erfahrungen.* Hrsg. von Ludwig Huber, Julia Hellmer und Friederike Schneider. Bielefeld: Universitätsverlag Webler, S. 53–69.

Wildt, Johannes (2009). „Forschendes Lernen: Perspektiven eines Konzeptes". In: *Journal Hochschuldidaktik* 20.2, S. 4–7.

Printed in the United States
By Bookmasters